集成创新设计论丛（第二辑）

Series of Integrated Innovation Design Research II

方海　胡飞　主编

无废：
城市可持续设计探索

Towards Sustainable City:
Human, Waste and Community

萧嘉欣　著

中国建筑工业出版社

图书在版编目（CIP）数据

无废：城市可持续设计探索/萧嘉欣著.—北京：
中国建筑工业出版社，2019.11
（集成创新设计论丛/方海，胡飞主编.第二辑）
ISBN 978-7-112-23101-0

Ⅰ.①无… Ⅱ.①萧… Ⅲ.①城市规划−建筑设计
Ⅳ.① TU984

中国版本图书馆CIP数据核字（2019）第286365号

　　垃圾问题是一项关乎民生和社会可持续发展的社会问题。作者秉持着批判和反思的立场，重新审视城市中的垃圾问题以及可持续设计的方向。本书的目的是为研究者和设计师提供另一种视角，重新思考"人—垃圾—社区"的关系。作者希望通过对物理、社会和文化因素的分析，让人作为人，空间作为空间，深刻反省一下人与空间究竟是何种关系？人与垃圾之间的关系又是如何？什么才是适合现代人的居住环境？我们该如何构建可持续城市？书中引用了前沿设计理论，深入到不同语境下的行为模式，并结合丰富的实践经验，通过理论与实践的结合，提出一种行动研究方法来思考社会发展中的垃圾问题。本书旨在帮助新一代设计师和管理人员成长，使他们具有责任感并能够承担可持续性城市的设计。

　　本书适用于不同层次的工业设计和城市规划从业人员，包括研究人员、项目管理人员、工业设计师等，同时也适用于相关专业的学生、教师以及对城市可持续发展研究有兴趣的读者。

责任编辑：吴绫　唐旭　贺伟　李东禧
责任校对：党蕾

集成创新设计论丛（第二辑）
方海　胡飞　主编
无废：城市可持续设计探索
萧嘉欣　著

*

中国建筑工业出版社出版、发行（北京海淀三里河路9号）
各地新华书店、建筑书店经销
北京锋尚制版有限公司制版
北京中科印刷有限公司印刷

*

开本：787×1092毫米　1/16　印张：8½　字数：176千字
2019年11月第一版　　2019年11月第一次印刷
定价：32.00元
ISBN 978-7-112-23101-0
（35032）

序

　　都说，这是设计最好的时代；我看，这是设计聚变的时代。"范式"成为近年来设计学界的热词，越来越多具有"小共识"的设计共同体不断涌现，凝聚中国智慧的本土设计理论正在日益完善，展现大国风貌的区域性设计学派也在持续建构。

　　作为横贯学科的设计学，正兼收并蓄技术、工程、社会、人文等领域的良性基因，以领域独特性（Domain independent）和情境依赖性（Context dependent）为思维方式，面向抗解问题（Wicked problem），强化溯因逻辑（Adductive logic）……设计学的本体论、认识论、方法论都呼之欲出。

　　广东工业大学是广东省高水平大学重点建设高校，已有61年的办学历史。学校坚持科研工作顶天立地，倡导与产业深度融合。广东工业大学的设计学科始于1980年代。作为全球设计、艺术与媒体院校联盟（CUMULUS）成员，广东工业大学艺术与设计学院坚持"艺术与设计融合科技与产业"的办学理念，走"深度国际化、深度跨学科、深度产学研"之路。经过30多年的建设与发展，目前广东工业大学设计学已成为广东省攀峰重点学科和广东省"冲一流"重点建设学科，在2017和2019软科"中国最好学科"排名中进入A类（前10%）。在这个岭南设计学科的人才高地上，芬兰"狮子团骑士勋章"获得者、芬兰"艺术家教授"领衔的广东省引进"工业设计集成创新科研团队"、国家高端外国专家等早已聚集，国家级高层次海外人才、青年长江学者、南粤优秀教师、青年珠江学者、香江学者等不断涌现。"广工大设计学术月"的活动也在广州、深圳、佛山、东莞等湾区核心城市形成持续且深刻的影响。

　　广东工业大学"集成创新设计论丛"第二辑包括五本，分别是《无墙：博物馆设计的场域与叙事》《映射：设计创意的科学表达》《表征：材质感性设计与可拓推理》《互意：交互设计的个性化语言》《无废：城市可持续设计探索》，从城市到产品、从语言到叙事，展现了广东工业大学在体验设计和绿色设计等领域的探索，充分体现了"集成创新设计"这一学术主线。

　　"无墙博物馆"的设计构想可追溯至20世纪60年代安德烈·马尔罗（André Malraux）的著作。人与展品的互动应成为未来博物馆艺术品价值阐释的重要方式。汤晓颖教授在《无墙：博物馆设计的场域与叙事》一书中，探索博物馆设计新的表现介质与载体，打破"他者"在故事中所构建的叙事时空，颠覆了传统中"叙事者"和"观赏者"之间恒定不变的主从身份关系，通过叙事文本中诸如时空、人物、事件等元素的组织序列，与数字化交互技术相结合，探索其内容情节、时间安排和空间布置，形成可控制的、可操作的、可体验的和可无限想象的新的场域与叙事艺术及设计方法。

　　贺继钢副教授在《映射：设计创意的科学表达》中，分析了逻辑思维、形象思维和直觉思维在创意设计中的作用，介绍了设计图学的数学基础和工程图样的基本内容及相关的国家标准，以及计算机绘图和建模的方法和实例。最后，以定制家具企业为例，介绍了在信息技术和互联网技术的支撑下，数据流如何取代传统的图纸来表达设计创意，实现数字化设计、销售和制造。通过这个案例，让不同专业的人员理解科技与设计融合的一种典型模式，有助于跨专业人员进行全方位的深度合作。

材质的情感化表达及推理是工业设计中的重要问题。张超博士在《表征：材质感性设计与可拓推理》中，以汽车内饰为研究对象，在感性设计、材质设计中引入可拓学的研究方法，通过可拓学建模、拓展、分析和评价，实现面向用户情感的产品材质设计过程智能化，自动生成创新材质设计方案。该书研究材质感性设计表征及推理规则，旨在探索解决材质感性设计在创意生成过程中的模糊性、不确定性和效率低下等问题。

纪毅博士在《互意：交互设计的个性化语言》中积极探索支持人类和各种事物之间有效交流的共同基础。通过创建一个个性化的交互产品，用户可以有效地与交互项目进行通信。通过学习交互设计语言，学习者将从不同的角度设计交互产品，为用户创造全新的交互体验。

垃圾问题是一项关乎民生和社会可持续发展的社会问题。萧嘉欣博士秉持着批判和反思的立场，在《无废：城市可持续设计探索》中重新审视城市中的垃圾问题及其可持续设计的方向。萧博士希望通过对物理、社会和文化因素的分析，让人作为人，空间作为空间，深刻反思一下人与空间究竟是何种关系？人与垃圾之间的关系又是如何？什么才是适合现代人的居住环境？我们该如何构建可持续城市？

"集成创新设计论丛"第二辑是广东省攀峰重点学科和广东省"冲一流"重点建设学科建设的阶段性成果，展现出广东工业大学艺术与设计学院教师们面向设计学科前沿问题的思考与探索。期待这套丛书的问世能够衍生出更多对于设计研究的有益思考，为中国设计研究的摩天大厦添砖加瓦；希冀更多的设计院校师生从商业设计的热潮中抽身，转向并坚持设计学的理论研究尤其是基础理论研究；憧憬我国设计学界以更饱满的激情与果敢，拥抱这个设计最好的时代。

胡　飞
2019年11月
于东风路729号

前　言

　　随着城市化和经济的高速发展，垃圾问题已经成为人类文明发展的一个"世界难题"，也是当前我国城市建设的核心议题。环保部发布的《2016年全国大、中城市固体废物污染环境防治年报》中提到，工业固体废物产生量为19.1亿吨，生活垃圾产生量约为1.8亿吨，后者处置率达97.3%。垃圾围城，面对生活垃圾逐年增加的趋势，垃圾处理将持续遇到压力。为了解决"垃圾围城"这一社会问题并确保垃圾不会对生态系统的稳定性造成损害，垃圾焚烧厂、垃圾填埋场和现代化垃圾处理设施被一个接一个地建造起来。2017年3月自国家发展和改革委员会与住房和城乡建设部发布《生活垃圾分类制度实施方案》以来，生活垃圾分类推进速度加快，各省市陆续出台本地生活垃圾分类管理方案。

　　垃圾问题是一项关乎民生和社会可持续发展的社会问题。作为一个资源环境承载力和社会治理支撑力相对不足的发展中大国，我国在垃圾处理的可持续发展道路上依然面临较多调整。由于历史的原因和自然社会经济条件的差异，我国垃圾处理行业发展中不平衡、不充分的问题尤为突出。客观认识我国垃圾处理困境，有助于更有效地解决"垃圾围城"的问题。然而，仅仅通过自上而下的立法和管理层面并不足以解决垃圾问题。要探讨垃圾的产生和处理问题，必须结合特定的社会文化因素进行讨论。近年来，众多研究人员、环境学者以及政府在关于减废和垃圾分类方面的政策和措施上付出了较大的努力，城市垃圾管理和可持续问题的研究也有一定的发展。然而，早期的研究并没有对垃圾的来源以及人、垃圾与社区三者之间的关系进行研究。此外，涉及物理环境、社会环境和文化经济环境等语境方面的研究也较为欠缺。

　　一直以来，人们都会习惯性地把浪费问题和丢弃行为归咎于道德问题。堆积如山的垃圾是由于"抛弃型社会"（throwaway society）中消费主义的肆意挥霍造成的。然而，有学者指出，在没有对社会和文化背景进行考察的情况下而将垃圾处理问题简单归咎于"抛弃型社会"是草率的。他们认为，"垃圾"一词不仅与物品有关，还代表人类在特定社会活动中的历史和文化实践。垃圾的形成与当代社会的日常活动密切相关。在理解垃圾处理问题上，不能忽视社会文化背景下人与物之间的关系。

　　因为忽略了对特定环境的考虑，尤其是在高密度城市中，垃圾分类回收设施和公共服务设计并未能很好地适应社会的需求。事实上，除了个人因素如学历、道德、态度、认知等会影响人类的行为之外，许多环境因素如设施的可用性、物理环境等都会制约着人们的可持续行为和积极性。

多年来学者们一直都在研究如何借助行为干预手段去引导人们的可持续行为。早在20世纪30年代就有学者开始探讨外部环境对行为的影响。勒温（Kurt Lewin）（1935）提出的社会行为公式B=f(P, E)中，B指行为（behaviour），P指个体（person），E指个体所处的情境（environment），f指函数关系，该公式指出个体行为是个体与其情境相互作用的结果。相关的研究还有在1975年阿特曼（Altman）提出的"环境—行为模型"，盖勒（Geller）等人（1982）把改变行为的策略分为"先行策略"和"后果策略"，前者借助信息、教育、经济激励、设计等方式，后者则通过奖励和惩罚等方式对人们行为的结果进行反馈。到了20世纪90年代，"用户反应"（User's responses）这一术语开始出现，一些具体的策略和理论框架已经逐步成型，如赫伯特·西蒙（1990）提出"行为剪刀"模型来比喻环境行为的关系。西蒙指出，剪刀的两个刀片，分别代表了"情景"和"认知"，必须整体来考虑，只专注于其一将无法实现对用户行为的全面理解；温特（Winter）等人（2004）也指出人们常常高估了个人因素，认为不可持续的行为主要都是个人因素造成的，而低估了情景因素对行为的影响。正如人们会把浪费问题和丢弃行为归咎于道德问题，而忽略了背后的社会文化等情景因素；帕乔（Pajo）（2008）指出目前关于垃圾分类的管理办法主要集中在专家和学者方面的意见，而不是当地居民。很多时候，决策者、执行者、管理者和设计师都认为他们了解用户，对设计有共同的理解。而事实上，由于缺乏从用户的角度去考虑，许多分类回收方式和设施安排得并不合理；邵健伟（2010）强调设计师不能将自己的喜好强加给用户，因为用户有他们自己的理解和需求；丹·洛克顿（Dan Lockton）（2013）指出，设计干预手段可以引导人们的行为，同样，也可能会阻碍人们，限制人们的行为。例如，低质量和低效率的回收方法和设施可能会引起用户的反感。

垃圾分类背后，涉及设计中一个非常重要的问题：设计过程中的视角问题。在设计过程中，我们习惯于站在自己视角来解决问题，而不是真正站在用户的角度来解决问题。很多国家和地区在实行垃圾分类的时候经常会采用多种方式手段，然而，不管采用何种组合方式，都需要根据当地的实际情况因地制宜。垃圾分类往往是"一国一策"，甚至"一城一策"、"一区一策"，居民行为模式、生活习惯以及语境（包括地缘、文化、生活方式及居住环境）等因素都会直接影响到"人—垃圾—社区"的关系。

"这是一个最好的时代，也是一个最坏的时代。"很多人都重复过狄更斯这句名言。互联网的发展拉动了城市经济的飞速发展，过速过贪的经济活动进程下让人们见到其中的一些错失与存在的问题。于是，人们也开始反省身处时代的精神与文明的方向及意义。于此时刻我们将有关人类、垃圾以及城市空间的研究集结成书及完稿，实在有重要的意义。

笔者从开始研究继而写书，至少经历了五年时间。从开始提问到完稿为止，也秉持着批判和反思的立场，审视城市中的垃圾问题以及可持续设计的方向。本书的目的是为研究者和设计师提供另一种视角，重新思考"人—垃圾—社区"的关系。垃圾回收具有一定的现实意义，但是它不应该被神化，被视为解决垃圾问题的最终方式，从而遮蔽了真正的垃圾问题。垃圾的处理并非技术发展的问题，过度依赖技术处理也只会将人类卷入与垃圾更深的纠缠。笔者希望通过对物理、社会和文化因素的分析，探讨高密度城市中的垃圾问题，并对可持续性社区的营造提供启示。在过去的50年以来，东亚城市都依照西方国家的"现代化"指标去发展——对高层建筑趋之若鹜，致力打造科技先进的建筑物。各地市政府仍在争先恐后地依全球化城市的规模把城市重建，方兴未艾地比较着哪个城市更加现代化。但愿我们能借着全球经济发展稍微放缓的一刻，稍稍退下来，回到原点，让人作为人，空间作为空间，深刻反省一下人与空间究竟是何种关系？人与垃圾之间的关系又是如何？什么才是适合现代人的居住环境？我们该如何构建可持续城市？这本书正是通过研究人、垃圾和社区的关系，以及设计干预和用户反应，进而去思考可持续城市的方向。

目 录

第 1 章

论垃圾

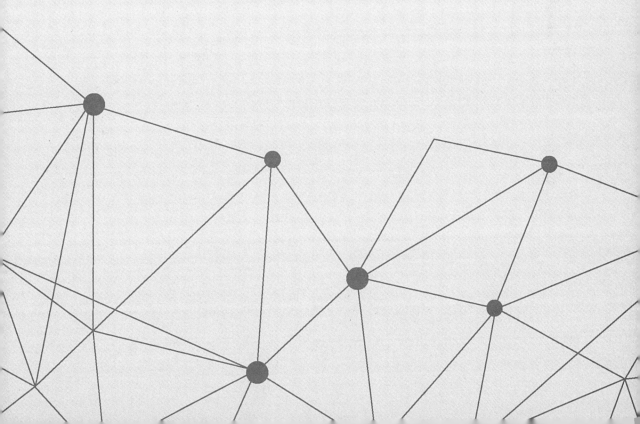

1.1　消费社会

1.1.1　垃圾的形成

随着城市化和经济的高速发展，"垃圾围城"问题已成为许多城市的一个重要问题。尽管一些研究人员坚持认为垃圾可以转化为有价值的资源，但在大多数情况下，垃圾被视为令人厌恶和烦人的物质，应当尽快清除。垃圾问题被描述为一场生态灾难，一个亟待解决的环境议题。为了清除数量庞大的垃圾，垃圾焚烧厂、垃圾填埋场和现代化垃圾处理设施被一个接一个地建造起来。人们希望通过各种先进的技术和健全的垃圾回收体系来化解这个令人恐惧和不安的现代灾难。主流意识形态将垃圾问题转化为技术发展问题——是可以随着技术的进步而得到解决的问题。但是，工业化以来，人类的技术水平在快速提高，垃圾问题反而更加严峻了。海德格尔（Heidegger）早在《技术的追问》一书中批评过人类这种试图通过操纵技术来控制技术的方式。人们用了很多现代的技术去处理垃圾，并想方设法把眼前的垃圾往其他地方倾倒，以最快的方式把垃圾转移到城市遥远的外部——从消费的城市中心转移到城市边缘，从欧美后工业社会转移到承受垃圾的废弃化农村——以保持其所在领域的"洁净"。

垃圾的形成与当代社会的日常活动直接相关。因此，必须在整个生产和消费过程中对垃圾进行考察。过去的研究主要集中在我们的社会如何生产和消费物品上，但却很少有人去关注这个社会是如何处理垃圾的。让·鲍德里亚（Jean Baudrillard）在《消费社会》中指出，人们消费的商品超过了他们真正所需，以证明他们不仅存在，而且是以现代生活方式生活。现实世界充满了作为标志或符号的产品。在《物体系》（1996）中，他探讨一个观点，即个人消费的东西其实不是一件物体，它是一种符号，一种标志。然而，唐兰（Donlan）指出，这种将商品作为纯粹符号学的概念进行解释是有争议的，因为大量的固体废物是由一个个真真实实的物品的消费和处置产生的。

1.1.2　消费符号

亨利·列斐伏尔（Henri Lefebvre）在*The Critique of Everyday Life*一书中指出，资本主义的生产方式，就是无所不用其极地以消费活动来"殖民"平民大众的生活时空。平民大众日常生活中的衣食住行，其实早已被广告媒体整体地引导、组织和编排。总而言之，资本主义对平民大众的日常生活的征服及侵略是完全的、彻底的。列斐伏尔在*Everyday Life in the Modern World*一书中进一步对消费主义进行分析，他认为现今社会是对"瞬间变幻的膜拜"（cult of transitory）。在欧美、日本等发达国家，工业生产规模越来越大，商品的流通速度也越来越快。同一件产品可以推出层出不穷的型号，每一件产品都被设计成"会过时的物品"（obsolescing objects）。同时，消费主义有系统有策划地引导和组织人们的欲望，利用大众传媒将各类资讯植入平民大众的脑海，通过重复的内容资讯不断从消费主义角度去告诉人们，什么是生活，如何选择生活所需的消费品，使大家理所当然地进行消费（例如各种节日怎样庆祝、要买什么礼物送给谁等）。为了使人们对各种时尚消费品（如衣着服饰、护肤品等）以及各种各样的物品（如厨具、家具等）产生欲望从而进行消费，广告媒体甚至会用戏剧性的语言和虚张声势的气氛去宣传。这些广告无孔不入地向社会大众发放信号，编排着各种策略，目的是要触发人们的购买欲望，以至于每天在城市生活的人们对这些消费符号的指令信以为真，并且欣然接受。

在解释剩余价值理论时，马克思（Karl Marx）指出，是资本主义导致了大量的生产过剩。在追求剩余价值的过程中，过剩商品的生产水平远远超出了市场所能消化的水平。吉登斯（Giddens）（1971）指出，在资本主义经济中，商品是具有"两面性"的，即使商品"滞销"，交换价值也会使生产过剩成为可能。此外，加尔布雷斯（Galbraith）（1998）表示，供给和需求是同时产生的。他认为，当代资本主义的主要矛盾是"生产力最大化"和"废弃物处理的需要"，而不是"利润最大化"和"生产合理化"之间的矛盾。鲍德里亚强调商品的符号价值比交换价值或使用价值更重要。鲍德里亚表示，富裕最终在"浪费"中找到了它的意义，浪费指的是富足和多余的消费——与匮乏相反。消费的过程其实就是一个操控符号的过程。现实世界充满了符号，消费品被视为虚拟的符号而不是有形的物体。皮埃尔·布迪厄（Pierre Boudieu）（1984）指出，人们通过消费这些符号与他人交流，构建他们的"商品化身份"，从而展示他们的品位和社会地位。

1.1.3　垃圾与当代社会活动

然而，鲍德里亚对消费社会的分析遭到了一些学者的批评，他们认为这夸大了商品的象征意义。斯米金（Szmigin）（2003）认为，即使人们没有充满象征意义，他们也会因为产品功能和产品的使用价值而消费。消费活动不能被纯粹地解释为一种符号，而忽略消费后产生的大量物质浪费的事实。虽然在社会和文化消费过程中，物体被认为是符号，但它们并非纯粹的符号。坎贝尔（Campbell）（1997）、贝金（Bekin）（2007）、拉斯托维卡（Lastovicka）（2005）等学者指出，商品的使用不仅仅是一种交流方式，就像语言中对词语的使用一样。如果忽略了商品这个有形的载体，交流也没有办法实现。

人们往往习惯性地把浪费问题和丢弃行为归咎于道德问题，但是，埃文斯（Evans）、奥布莱恩（O'Brien）、斯特拉瑟（Strasser）等学者表示，在理解垃圾处理问题上，不能忽视社会文化背景下人与物之间的关系。库珀（Cooper）认为，当代消费社会是一个"抛弃型社会"。"抛弃型社会"这个概念通常被用来描述消费社会中浪费和挥霍现象，并把消费社会的巨大浪费归因于过度的和冷漠的消费主义。抛弃型的消费文化导致了大量的商品走进千家万户，过度消费和过度生产一次性或者短寿命的产品造成了习惯性的浪费。在垄断或寡占市场里，一些厂商为产品设定有限的使用寿命，让消费者在产品报废之后再次购买同类的新产品，对产品实行计划报废①（Planned obsolescence）。过去的几年共享经济的商业模式被推到了风口浪尖上，共享单车、共享汽车、共享雨伞等，给街头巷尾添上五颜六色，呈现一片虚假的繁荣，而后却是废铜烂铁、堆积成山，造成社会资源的极大浪费。

消费社会产生了大量垃圾，于是人们开始寻求先进的技术和"可持续性"回收系统去消除垃圾，然而，有不少学者洞察到"回收实现可持续"把无穷无尽的生产与消费合理化，遮蔽了资本生产通过垃圾回收压榨更多劳动力的事实，也隐藏了工业必然生产废弃物的事实，是资本主义生产所构筑的谎言。可持续的垃圾处理与回收系统提供了"令人安慰"的解决方案，似乎人们可以依赖"生产—消费—回收—再利用"的封闭循环神话来解决垃圾问题。消费社会的矛盾在于，一方面大肆宣扬各种环保政策，绿色消费、垃圾回收、垃圾分类与再利用的活动越演越烈；另一方面，却让大家更心安理得地制造更多的垃圾，借助环保、可回收的光环把商品消费合理化。

---

① 计划报废，又称计划性淘汰，是一种资本主义下的工业策略阴谋，意为产品设定有限的使用寿命，令产品在一定时间后寿终正寝，通常是保固期限之后，以避免支出保固成本。另一种计划报废则是以在一定年限后停止供应消耗品的方式，即便产品本身仍良好可用，但因所需消耗品已买不到，也只能报废该商品。长远来说，计划报废能给厂商带来好处，因为消费者在产品报废后若还有继续使用的需求，会再次购买同类型的新产品。如果众多厂商全部采用同样策略，便会大大增加垃圾数量，若没有配套的资源回收措施，会对环境造成严重污染。

1.2　垃圾的意义

尽管马克思对资本主义的生产过剩进行了批判，但从他的著作中基本没有发现任何关于浪费的批判性理论。马克思的"排泄"（excretion）一词是指资本主义制度所谓的耗费，是指在生产和交换过程中必然产生的废物。然而，正如奥布莱恩所言，我们并不能因此而简单地将"废物"理解为生产和消费的过程中"排泄物"或"残余物"。垃圾的前身是商品，当商品的实用功能枯竭的时候，就会以垃圾的形式存在。换句话说，今天的垃圾，正是商品的残余物，是商品的尸体。商品和垃圾，是物质的两段命运。每一件物品，都存在于一个功能性的链条中。也就是说，一旦失去了功效，在社会结构中找不到自己的位置，它就只能在垃圾中寻找自己的位置。

1.2.1　物品与垃圾

一般来说，"废物"是指在整个生产和消费过程中不需要的、丢弃的或死的、无用的东西，它与"污垢"、"碎屑"或"灰尘"等术语相关。除此，它还代表了在每个特定社会中形成的历史和文化实践。垃圾研究学者盖伊·霍金（Gay Hawkins）在论著*The Ethics of Waste: How We Relate to Rubbish*中提到了丢弃文化养成的社会历史，指出丢弃与物品的使用价值无关，却与"用完即弃"的习惯养成密切相关。19世纪60年代一次性纸制用品的发明与推广形成了现代社会洁净、卫生的观念。医学上"看不见的细菌"建构了全新的卫生体系，使得一次性纸制品得到了科学、伦理的支持。20世纪20年代，便利、高效的经济学修辞衍生出更多的一次性产品，例如打包食品、一次性餐具等，试图打造极具效率、方便、快速的都市生活，技术的进步强化了现代人对时间成本（time budget）的追求。

事实上，并不是所有丧失功能的物品都会成为垃圾，有时候人们会将无用的物品长期存放，同时，即便有些物品还没丧失功能，也有可能变为垃圾——一件物品之所以成为垃圾，并非因为它完全失效了，而是取决于人们对它的态度。例如，一个铁罐，老人会视为物品保存，儿子会将它作为垃圾处理。垃圾也是区分社会阶层的一个尺度，富人与穷人对于垃圾的理解也许完全不同。对于富人而言，使用的物品可能更加丰富，物品的使用时间可能较短，制造的垃圾也相对较多。比如说，一个人把凳子扔到垃圾堆，凳子就变成了垃圾，但另外一个人把凳子搬回家，修修补补后又继续使用，那么这件"垃圾"又重新回到了物的状态，重新进入社会实践中。拾荒者靠变卖垃圾赚取生活费，同时也激活了垃圾的功能，使之换一种方式成为商品，重新进入市场。

1.2.2　垃圾与秩序

　　玛丽·道格拉斯（Mary Douglas）在《洁净与危险》一书中指出，污染和污垢与反常的东西有关。污物并非孤立的物质，它意味着一系列的宗教秩序以及社会分类规范。污垢、文化仪式和符号象征意义之间有着千丝万缕的联系。对于道格拉斯来说，废物被认为是"有形和无形之间相互作用的结果"。如果反常的东西没有通过社会活动得到规范和约束，它们就会变得危险和具有污染性。因此，那些"净化"之类的仪式是非常有意义的。与威廉姆斯（Williams Jameszd）的"污垢（垃圾）是放错地方的物品"（dirt is matter out of place）的论述一致，道格拉斯指出，这些关于"外部"或错误放置的物体是社会结构如何组织的线索。这些概念是社会活动中自然而然形成的。道格拉斯表示"哪里有污垢，哪里就有系统"（where there is dirt there is system）。污垢通过规则、社会规范、价值观和仪式对秩序和混乱进行区分。某程度上，污垢的定义与不同文化之间的认知和分类体系有着很大的关系。例如，在西方文化中，面包应该放在盘子里，如果放在地板上，就被认为是不干净的东西。这并不一定意味着盘子总是干净的，地板总是脏的。相反，地板上的面包"放错地方"的原因是它偏离了基于人们卫生系统的分类体系。

　　"没有绝对的肮脏：它在于人们如何看待。如果我们避开肮脏，不是因为胆小的害怕，更不是因为恐惧或对神的畏惧，我们对疾病的看法也不能解释我们在清洁或避免污垢方面的行为范围。肮脏使一切变得混乱无序。消除它不是一种消极的行为，而是一种对改善环境的积极尝试。"①

　　没有绝对的肮脏，因为肮脏是不同文化符号的副产品。换句话说，既然没有绝对的肮脏，那么也就没有绝对的干净。因此，即使在原始文化中，肮脏和干净是同时存在的。现代社会中人类避开肮脏的欲望与原始社会相似，因为原始人和现代人都害怕肮脏带来的混乱无序。

　　对于道格拉斯来说，肮脏是象征性和认知性地存在于人们的心理层面上。然而，关于废物或者污垢的定义还是存有很多疑问，因为它将焦点从医学和科学层面上对致病性、毒性和卫生的关注转移到象征意义上。

1.2.3　物质世界的一个缩影

　　与道格拉斯将脏定义为一种象征性的分类不同，房龙（van Loon）（2002）

---

① Douglas, M. (2002). *Purity and danger: An analysis of the concepts of pollution and taboo.* London: Routledge, 2.

在《风险与技术文化》论著中将垃圾视为客观存在的"坏"和"风险"。垃圾是由于现代社会"技术文化"带来的工业过剩而产生的"环境污染"造成的。汤普森（Thompson）在《垃圾理论：价值的创造与破坏》（*Rubbish Theory: The Creation and Destruction of Value*）一书中将消费社会使用的物品分为三类："耐用品"、"废弃物"和"消耗品"。我们使用的各种物品属于不同的分类，但它们在人类活动过程中会跨越不同类别之间的界限。斯坎伦（Scanlan）（2005）认为，垃圾是"秩序"的产物，与西方文化的"净化"和"提炼"有关。人们之所以对垃圾"视而不见"，是因为社会会采取各种措施让人们尽快忘记它：

　　"……垃圾是物质世界的一个缩影，一个生命、一个世界或一个梦想的剩余物，是消费社会对商品生产和消费的贪婪造成的。"①

　　道格拉斯指出，污染具有传染性，会威胁圣洁。不过她关于脏污的理想化的论述也遭到了不少学者的质疑，他们表示这种论述已经难以适应当今的现代社会。然而，那些关于文化定义和日常规则秩序的核心争论依然能为研究垃圾与人类关系的研究人员提供重要的见解。如果说道格拉斯的论述针对的是原始社会的文化，那么，盖伊·霍金和奥布莱恩则把关注重点从原始文化转移到消费资本主义，并指出垃圾是人类文化和历史活动的结果。例如，快餐包装废弃物数量的增加标志着便利文化的兴起，及由于现代生活方式的快节奏而导致在家用餐的减少。

1.3　乡村与垃圾

　　在古老和原始的乡村，垃圾的主要成分是粪便和食物，由工业制品所构成的工业垃圾和无机垃圾相对较少。人们会将这些粪便和食物残渣搜集起来，让其自然发酵，转化成肥料，用以浇灌农作物。剩饭剩菜也可以用来喂养家畜。人们清楚地知道该如何处理这些厨余废物。严格意义来说，这些粪便和食物残渣算不上垃圾，因为它们是有用的——它们具有功能性，是肥料的一部分，是土地的养分，是农业生产循环中一个重要的组成部分。农村里也缺少工业机器制造出来的无机商品，垃圾的成分也相对简单一些。农村人口密度很低，加上广阔的土地面积，这使得有限的垃圾很容易被无限的大地所吞噬和利用。

　　在乡村中，因为物质的匮乏，每一件物品都显得如此珍贵，人们充分发挥他们的智慧尽最大限度地延长物品的使用年限。许多农民还是保留着传统的生活习惯，人们

---

① Scanlan, J. (2005). *On garbage*[M]. London: Reaktion Books, 164.

的用品会被反复利用。衣服被一代一代人传下去穿，父亲的衣服给大儿子穿，大儿子穿完轮到小儿子穿，破烂的地方缝缝补补继续用，最后还可以剪成碎布当抹布用。这使得物品转化为垃圾的时间充分地延长，也大大降低了垃圾的数量。相对城市人来说，农村的人均垃圾产量会低很多。

然而，随着时代的变迁和经济的不断发展，这种情况开始有所改变。以前农村比较落后的时候也会有些生活垃圾，但是像塑料制品这类产生的垃圾比较少，这些垃圾经过一段时间就会被大地吸收消化。但随着农村越来越现代化，农村的生活水平和居住环境都有所提高，很多本不属于农村产品的工业产品开始大量进入农村，农民的生活方式也发生了重大的变化。生活垃圾的成分日趋复杂，工业消费品、产品包装（如纸、金属、塑料）等垃圾成分日益增多，难以分解的生活垃圾散布在广阔的土地上。

1.4 城市之殇

1.4.1 垃圾失去了往复循环的路径

在城市里，大地消失了，城市表面被水泥和砖石重重包裹起来，由钢筋混凝土结构组成的城市无法像乡村那样消化这些"食物"。正如文化批评家汪民安在《垃圾，从农村到城市》一文中说到："垃圾是城市的产物，乡村是没有垃圾的。或者退一步说，垃圾是城市的问题。在乡村，垃圾根本不成为其问题。垃圾在城市里成为问题，是因为那些最后沦为垃圾的物品，在城市里失去了它们往复循环的路径。"显然，文中所指的乡村是那种古老和原始的乡村而非现代化的乡村。作者通过深刻的对比叙述了垃圾在农村与城市中的天壤之别，把乡村的垃圾描述得美好而且富含意义，对当代城市化的空间生产以及物与物之间的联系进行了批判。水泥砖石具有强烈的排他性，几乎难以与其他物质融合，它坚硬而且不可穿透，这是它与泥土的根本区别。许多物质如泥土、树叶、粪便、食物残余物等在乡村根本算不上垃圾，因为它们可以自如地渗透进泥土之中，被广阔的田野吞噬和利用。可是，城市的坚硬表面却无法消化这些垃圾，只能将它们作为异质物排斥掉。为了让硬朗的城市变得柔软一点，亲切一点，于是城市中涌现了大量的人工绿化带。这些被精心制作和培养的绿化带遍布在道路街道上，给水泥砖石增添了一些气氛，却无法融化和吞噬城市的垃圾。它们与乡村中恣意生长的植物不一样，这些被规划和被设计的植物，靠的是人为的喂养和修剪，而且还容不下废弃物——它们仅供欣赏。

"现代城市将土地掩盖得如此的完满，以至于让废弃物无处容身。也就是说，废弃物不得不在这里以多余的垃圾存在。乡村土地可以消化的东西，在城市中却只能以垃圾的形象现身。城市越是被严密地包裹住，越是容易产生出剩余的垃圾；城市越是被精心地规划，垃圾越是会纷纷地涌现。"[1]

1.4.2 垃圾被内化和隐性化

在城市中，垃圾总是要千方百计地被掩盖。面对数量庞大的垃圾，城市不得不建造一个又一个的垃圾焚烧厂和填埋场，最快速地把垃圾运送到远离城市的地方，让所有的垃圾消失于无形，逃离城市人的目光。现代城市，一方面源源不断地制造垃圾，另一方面，则是要千方百计地掩盖垃圾。城市似乎希望在忙碌的街头和商场中只有生产、购买和进食，并不希望看到生产和消费的过程中产生的"排泄物"或"残余物"。城市的隐秘愿望就是不消化、不排泄，这样就没有残余物——整个城市看上去是那么整齐、干净和繁荣。城市中遍布着垃圾箱，渗透到城市的每个角落。每天凌晨时分，城市一片寂静，环卫工人就开始打扫城市，拖桶、挂桶、翻转、倾倒、归位，再一锨锨锄起散落一地垃圾，一下下扫净每一点残渣，赶在天亮前尽快把垃圾运出去。捡拾路面垃圾、清扫行人道、十字路口、护栏底、绿化带，擦拭垃圾箱，一项接一项如流水线作业般紧张而有序地进行。等到天空放亮人们开始一天忙碌生活的时候，看到的只有干净的街道和空空的垃圾箱，仿佛这座城市没有太多的剩余物。

在整个搜集和转运过程中，垃圾总是隐蔽的。垃圾箱散布在各个角落，然而人们对它们并不会太反感。人们轻易地把垃圾从垃圾箱的入口投放进去，垃圾马上就被这个箱子牢牢地包裹起来，即便在搬运的时候，人们看到的也只是一个个神秘的黑色塑料袋。垃圾的所有负面形象，包括它的丑陋、肮脏甚至是臭味，通通被裹住了，然后又一卡车一卡车地被运送到城市的边缘，通过庞大的城市环卫系统转移出人们生活的视线。人们并不在意垃圾被搬运到何处，也仿佛被搬运的不是垃圾，而是货物。在城市中，垃圾被内化和隐性化了。

1.4.3 垃圾转移是资本运行的食物链

为了消除"垃圾"给城市带来的焦虑和不安，欧美国家提出了可持续性的垃圾处理与回收方案，似乎人们可以依赖"生产—消费—回收"的循环理论来解决垃圾问题。然而有学者指出，依赖回收系统实现清洁和可持续的欧美世界，其实是建立在垃圾被转移到第三世界的事实上。垃圾研究学者田松在《洋垃圾：全球食物链与本土政治》

① 汪民安. 垃圾，从农村到城市[J]. 广西城镇建设，2014(6)：27-35.

一文中指出垃圾转移是资本运行的食物链，垃圾永远从上游转向下游——"垃圾不可能被处理，只能被转移"，"从看得见的地方，转移到看不见的地方；从话语权强的地方，转移到话语权弱的地方。"19世纪恩格斯的一句话，正好反映了现今世界的不平等——"资产阶级解决问题的方法，就是采用眼不见为净的方法，或尽可能让问题隐形，或将问题从一处移到另一处去。"有学者表示，发达国家一直是塑料垃圾的主要出口国，亚非地区成为进口塑料的主要地区，拥有更加完善的垃圾处理设施的发达国家借助全球垃圾贸易链把大量的塑料运往发展中国家。干净整洁的城市恰恰是建立在被用来投放垃圾的废弃的边缘地带之上。王久良在纪录片《塑料王国》完整地呈现了全球垃圾贸易的转移路径——塑料垃圾如何从美国、德国、澳大利亚、韩国等多个国家经由海运转移到中国东部沿海的农村。

"我拍了一个小孩在分拣垃圾，一个小姐姐，她一边捡着，她两个弟弟在边上守着，给我一个，给我一个，什么呢，针管子，就捡了好多好多针管子，小孩把这么大一捆针管子放到口袋里这样玩儿。"（王久良《塑料王国》）

第 2 章

人类与垃圾的关系

　　"垃圾正在扼杀、吞食着城市，同时垃圾也改变着城市的风景，给葡萄园带去生机，用于住宅取暖，延续千万贫困人口的生存，提供千百种'小职业'，养肥群猪，供孩子们玩耍，排解囚犯的孤独，给疯子和艺术家们以灵感，与朋友们纵情欢乐，同时，也唤起了人们把废弃物变为可利用的再生资源的想象力和创造力……"——卡特琳·德·西尔吉

2.1　人类与垃圾的历史

2.1.1　垃圾与人类文明

　　像人类历史一样，垃圾也有它的历史。人类的历史与垃圾密不可分，而垃圾管理更是一个古老的问题。卡特琳·德·西尔吉（Catherine de Silguy）在《人类与垃圾的历史》一书中描述到，早期人类（即智人）快速地繁衍后代，利用自然资源的能力越来越强，欲望也越来越大，于是开始制造大量的垃圾，然而大自然并没有足够的速度去消化那么多的垃圾，于是，情况不断恶化，人类社会越文明，产生的垃圾就越多。从古至今，人类一直在致力于通过各种方式来治理垃圾。垃圾的形成和发展从一个侧面反映着社会的变化——从雅典无序的垃圾倾倒，到罗马有序的马克西姆下水道；从腐臭的垃圾及中世纪的瘟疫，到第一次工业革命导致的雾霾和不可降解的垃圾山……

　　垃圾与人类文明有着同样悠久的历史。早在新石器时代，人们会挖坑将垃圾填埋，并且会懂得收集处理垃圾以供施肥用途，或者在建造建筑物的时候平整地形。古希腊的雅典开始设立城市垃圾场，并制定相应的法律，要求垃圾必须扔到至少离城墙一英里以外的地方。中美洲的玛雅人每月会聚集在一起，举行一次特殊的仪式，燃烧那些堆积如山的垃圾。

2.1.2 第一次卫生革命

在14世纪的欧洲，人们习惯把垃圾直接扔到窗外，因为人们相信猫狗等动物能消化这些垃圾。直到黑死病在整个欧洲蔓延开，夺走了2500多万人的生命，占当时欧洲大陆人口的1/3，人们才开始重视垃圾的问题。国际上把对黑死病等传染病的防治称为"第一次卫生革命"。垃圾成堆，污水横流，疾病蔓延，黑死病的侵袭让人们开始注意卫生问题。14世纪末，英国议会开始禁止在沟渠和水道倾倒垃圾。18世纪前后，欧洲各国才开始加强基础卫生设施的建设，彻底改善下水排污系统。直到1875年出台了《公共卫生法案》，规定每个家庭必须将垃圾存放在"可移动容器"中以便处理，这是现代垃圾箱的雏形。与此同时，英国诺丁汉建成了第一批垃圾焚烧处理厂，以处理数量庞大的垃圾。随后，美国纽约、德国汉堡和法国巴黎也分别建起垃圾焚烧厂。然而，随意倾倒垃圾的现象还是非常普遍。直到20世纪初，美国开始制定法律，禁止将固体垃圾倾倒进海洋。越来越多的垃圾焚烧厂因为有毒气体的产生而要关闭，同时，垃圾填埋场也越来越受欢迎。

2.1.3 "商君之法，弃灰于道者，黥"

在我国，早在先秦时代就有用于排污水和雨水的下水道，同时也制定了严格的法令和管理措施处理垃圾。据《汉书·五行志》记载，"商君之法，弃灰于道者，黥。"灰，指垃圾；黥，人脸上刺字并涂墨之刑，上古五刑之一。《韩非子·内储说上》中记载，"殷之法，弃灰于道者断其手。"意思是，在路上乱扔垃圾的人，要被处以剁手的刑罚。此外，为了保证道路整洁，还设置了"条狼氏"一职，也就是我国历史上最早的垃圾分类监管人员。到了唐朝时期，为了处理垃圾问题，国家也颁布了相应的法规。据《唐律疏议》记载，"其穿垣出秽污者，杖六十；出水者，勿论。主司不禁，与同罪。"意思是，在街道上乱扔垃圾之人，会被处以六十大板的刑罚，倒水则不受惩罚。如果执法者不力，纵容人们的行为，也会被一同处罚。然而，仅仅依靠行政管理是不够的，在处理城市垃圾的过程中，也逐渐出现了一些以回收垃圾、处理粪便为职业的人。据《太平广记》记载，"河东人裴明礼，善于理业，收人间所弃物，积而鬻之。"意思是，河东人裴明礼，善于料理生活、操持家业，他收购世间遗弃的物品，积攒到一定数量后再卖出去。这些人不仅清理了垃圾粪便，改善了城市环境，也积攒了万贯家财。宋代经济繁荣，人口密集，也产生了数量庞大的生活垃圾，因此，宋朝专门设置了一个管理城市卫生的机构"街道司"，并设有环卫工一职，其职责包括打扫街道、疏导积水、整顿市容等。明朝时期的京城已经有了先进的排水管道，垃圾处理也形成了较为完整的产业链。城市中的粪便和各种生活垃圾都有专人回收，然后运到乡村进行出售，用于耕作等。到了清末，由于排水系统陈旧，人们把生活垃圾也往街道上扔，于是政府设置了清道夫一职，负责处理环境卫生问题。

2.2 异化

异化（entfremdung）一词源于希腊语allotriwsiz（他者化）这一含义的德语译词，有转让、疏远、脱离等含义。不少哲学家对"异化"一词进行了讨论，对其概念的定义也有很大的区别。

2.2.1 黑格尔的"异化"学说

黑格尔（Hegel）在《精神现象学》中表示，异化（异化过程）是人类个体通过自身活动认识和发展自我的过程。这种观点认为，异化是人们在日常生活中表达自己生活的过程。异化是人类生活中固有的，不可避免的，其表现创造了我们对自然世界的体验。黑格尔将异化感视为宗教尊严和自由的源泉，认为异化是对社会秩序外部一致性的拒绝。他认为异化的概念不仅涉及与客观环境心理上的隔离，而且还是一种感觉，即在生活中个人被视为"被动旁观者"或"旁观者"。

2.2.2 马克思的"劳动异化"论

受黑格尔和费尔巴哈（Feuerbach）启发，马克思在《1844年经济学哲学手稿》中用哲学术语"异化"一词来强调被资本主义扭曲的劳动与自然之间的关系。马克思将异化的关注点从心理学转到社会学，从个人的永恒状态转到生产制度中的分工。因此，异化不再被认为是一种具有价值功能的普遍存在的人类现象，而是资本主义制度下的一种消极产物。马克思关于"异化劳动"的论述，讲述的是工人被迫将自己的劳动力出卖给资本家为社会创造了财富，而财富却为资本家所占有并使工人受其支配，工人为了生存不得不疏远于其他人类活动的工人。资本主义的劳动目的不是为了表现人类的能力，而是为了赚钱。正如马克思在其早期著作中描述异化带来的影响："首先，劳动处于劳动者的外部，即其不属于劳动者的本质；因此，在日常工作中，劳动者既不肯定自己，又不否认自己，既不满足，又不快乐。不能自由地发挥体力和精力，反而使自己的身体受到屈辱，精神遭到破坏。因此，工人只感觉自己的肉体在工作，却难以在工作中找到自己……因此，这不是对需求的满足；而仅仅是满足外部需求的一种方式。"[①]

马克思利用异化的概念来揭示资本主义对社会和个人的破坏作用，批判资本主义社会中资本奴役劳动、物统治人等种种弊端。马克思指出，就劳动力而言，资本主义社会的异化有四种基本形式：①人同自己的劳动活动相异化；②人同自己的劳动产品相异化；③人同他人（工作伙伴等）相对立；④人同自己的潜能相异化。四种异化形式表明了人（主体）的创造物同创造者相脱离，不仅摆脱了人的控制，而且反过来变成奴役和支配人、与人对立的异己力量。

2.2.3　鲍德里亚的"消费异化"

保罗·杜盖（Paul Dugay）认为，异化是一种"客观主义幻想"（objectivist fantasy）。鲍德里亚则认为"异化"的概念是无用的，因为它与意识的形而上学相联系[②]。但是，鲍德里亚在 *The System of Objects* 一书中指出，消费过程中的"深层动机"和矛盾是当代异化的表现，类似于生产过程中的劳动力的异化。在消费文化方面，消费是一个独立过程，与生产和处置环节相分离。因此，消费者对其商品消费和处置的社会影响是非常陌生的。

2.2.4　当代消费社会的异化形式

借助马克思关于资本主义社会异化的四种表现的描述，我们不难发现当代消费社会的异化具有以下几种形式。消费社会的人们与生产脱节。工业化和城市化进程加快了城市社会分工的发展。许多人生产东西并不是基于自身需要。大多数从事高度专业化工作的人对整个生产过程如何运作是毫不知情的。因此，他们对他们所使用的商品是如何制造的几乎没有感觉。

1. 消费社会中的人们与产品疏远

商业繁荣和便利文化的盛行，使人们能够购买任何他们想要的东西。如早期资本主义社会一样，工人所购买的产品，几乎都是出自他人之手制作的。此外，个人将这些商品视为用于交流的工具（communicators），以展示他们在大众文化中的品位、风格和社会地位。一系列"人造的"和"异化的"需求下伴随着产品一起生成，构建起消费者的个人形象。于是，这种"异化消费"导致消费者的需求被消费社会控制了。

---

① 卡尔·马克思. 1844年经济学哲学手稿[M]. 人民出版社. 2000:70-73.
② Baudrillard, J. (1996). *The system of objects*. London: Sage, 78-79.

2. 消费社会中的人们对废弃物品的处置感到陌生

事实上，如果人们具有紧密的生产关系，他们会懂得如何进行废物利用。例如，在农村，人们收集剩菜剩饭来喂养他们的家畜，给所种植的蔬菜施肥。他们清楚地知道处理剩菜剩饭的原因及如何处理这些厨余食物。然而，由于城镇化发展农田大量缩减，城市居民不再从事农业生产。另外，城市垃圾的管理方式是最快速地把垃圾运送到远离城市的边缘，让所有的垃圾消失于无形，逃离城市人的目光。于是，人们一旦把垃圾放在垃圾桶里，便对之后发生的事情毫不知情。由于这种异化，人们仅仅把垃圾视为是一种需要尽快丢掉的负担。

3. 消费社会中的人们与社区关系的疏离

社会生活条件发生了巨大变化。由于人口密度高，许多人不得不搬进了高层住宅。即使人们住在同一个街区或者大楼，也很少有机会见面和交流。他们的日常生活受控于社会时间表的安排，并且高度程式化。人们往返于工作和家庭，遵循社会日常的安排。他们虽然在社区里共用走廊、电梯和其他公共设施，但却很少与身边的人交谈。即使人们与其他人同在一个社区里居住，也会彼此感到孤独和陌生。以至于他们的行为似乎也与周围环境毫无干系。

4. 消费社会中的人们脱离了人类的潜能

这种脱离限制了人的主观能动性，阻碍他们能力的发展和优化利用。他们的自我意识变得麻木甚至失灵。比如说，由于物质的丰富和社会的便利，人们不再像以前那样充分发挥他们的智慧尽最大限度地去延长物品的生命周期。

在当代消费社会，即使没有马克思预测的个人的极端退化或非人性化，人们仍然与他们消费的商品隔绝、与商品的处理相隔绝、与人们的社区疏离、与社会和文化环境疏离，及最终疏离了他们本身的潜能。由于当代社会具有这些异化特征，人类失去与他们赖以生存的自然世界之间的联系。很明显，由于人们异化于周围所有，所以他们也容易随意处置自己的物品。

2.3　城市垃圾战

近年来，各地政府、组织机构、相关企业和研究人员在垃圾减量和回收方面做出了巨大的努力。人们普遍认为垃圾是有害物质，会污染环境，破坏自然世界的洁净，应当尽快清除。在这场人类活动中造成的过度肆意的浪费，自然界成了无辜的受害者。因此，每当谈到垃圾问题时，人们都会以"我们都应受到谴责"、"人人有责"、"自然危机"等故事去引起人们对环境问题的关注。然而，垃圾研究学者霍金表示，这些意识觉醒的故事容易导致人类文化与自然界之间的二元论的产生——人类制造了大量的垃圾破坏了环境，于是大自然成为过度侮辱的受害者。不管两者之间是什么样的关系，他们其中一方都被视为与另一方存在冲突的本体上不同的实体。也就是说，人类掌握了自然世界，自然世界服从于人类。这些论述假定，要保持自然环境的洁净和可持续，就只能通过人们的努力去对他们进行保护。

2.3.1　现代化技术

当代社会利用公共与私人、清洁与肮脏的区别拉开了人与垃圾之间的距离。霍金指出，垃圾作为一种中介，标志着公共领域和私人领域之间的差异。为了保持城市的清洁，人类通过兴建大量的基础设施来处理垃圾，以最快的方式把垃圾转移和处理掉。这些科学技术与基础设施促进了人与垃圾之间的绝对隔离，以隐蔽的方式来消除垃圾。垃圾被认为是对公共和私人领域的一种威胁，应该尽快清除。人们越来越依赖各种先进的垃圾处理技术来解决垃圾带来的社会问题，保证垃圾不会破坏系统的稳定性。在《技术的追问》(*The Question Concerning Technology*)一文中，海德格尔定义了技术的本质，并指出人类试图通过发展技术以控制技术。

"所有东西全都依赖于我们对科技的掌握和控制能力。正如我们所说，我们将把'科技'的'精髓'牢牢抓在手中，掌控它，这种越来越迫切的操控意念，将使得越来越多的技术不受人类的控制。"——海德格尔

操控技术用以清除垃圾是处理垃圾问题最快捷的方法之一。但是，正如海德格尔所说，当人类将现实世界的问题都依赖现代技术来解决的时候，这是极其"危险"的。现代科学技术让人类能够挑战自然，这导致他们错误地认为自然是可以被完全控制的。因此，人类忘记了人之所以为人的意义，他们自身偏离了人道，远离了大自然。自然被沦为一个满足人类需求的奴隶。显而易见，当焦点从人类行为转移到技术上，我们的不可持续行为不会有任何改变，直到另外一些社会问题出现时。

现代化带给我们极大好处，如便利、清洁，但它也建立了距离，否认了我们与垃圾的关系。霍金认为垃圾是合成物扩散的证据。人类文化与非人类自然是混合在一起的。因此，任何东西都包含了这两种类别的要素。例如，如果将被丢弃的椰子壳做成文具收纳盒，则其看起来就非常有用。事实上，人类与垃圾有很多种相处方式。垃圾和人类在物质世界中共存。人类不可能完全离开垃圾，也不可能通过技术上清除垃圾来追求一个绝对纯净和清洁的社会。从这个角度看，垃圾不再是一种令人厌恶的负担，

而是一种具有无限潜力的东西。

2.3.2　规训与惩罚

人们习惯性地把垃圾成灾问题归结于垃圾分类服务或社会法规制度的失灵或低效。正如法国思想家米歇尔·福柯（Michel Foucault）在《规训与惩罚》（*Discipline and Punish*）一书中关于权力和约束的论述，这一现象反映了人类与治理之间的关系。福柯认为，"监狱"的失灵应归因于产生、控制和传播犯罪的社会和政治控制系统，而不是压制犯罪冲动。监狱的种种规则被逐渐延伸到社会中，对于犯人的规训也就演变成了社会中的各种纪律，这些纪律就实质而言与监狱的规则有异曲同工之妙。福柯对人类社会和权利的批判也许与垃圾的话题没有直接关系。然而，关于监管系统及其功能的讨论确实对垃圾处理和管理提供了一些参考。此外，一些关注人们如何进行与身体相关的微观实践，可以准确地了解到他们如何处理垃圾，以及他们在这个问题上的想法和感受。事实上，每一个个体都能利用潜力、机会和能力形成"局部阻力"来给社会带来一些变化。

2.4　城市拾荒者

如果说城市是一个生态系统，那么它的新陈代谢总会选择一个大家看不见的时间和地点进行。对于固体废弃物的处理，人们普遍有个约定俗成的观念，就是政府的公共事业。然而，垃圾的处理比垃圾的产生具有一定的滞后性，并不是所有的垃圾都能进入政府的处理系统，而拾荒者在其中就扮演了一个很重要的角色。这些拾荒者靠着自己的劳动力，在城市中生活着，他们收入微薄，但却为城市做了很大的贡献。他们回收了大量的家庭废品，与政府的环卫体系一起，构成保持城市清洁的两大支柱。

2.4.1　非正规废品回收体系

废品在中国城市垃圾中所占比重约为30%，其中近90%得到回收，主要归功于由拾荒者和商贩组成的庞大而高效的"非正规废品回收体系"（图2-1）。拾荒者和废品收购站是一个颇具中国特色的产业。欧美国家基本上已经形成了较为完整的垃圾回收体系，游离于体制外的拾荒者数量很少。就参与垃圾分类回收的群体而言，我国的情

图2-1　非正规废品回收体系

况与西方国家存在着较大的差异。大量西方的研究指出，个人受教育程度和经济水平
与垃圾分类的积极性正相关，学历越高、越富有的人更愿意参与分类回收活动。相反
的是，在我国，最积极参与垃圾分类回收的群体是受教育程度最低、经济条件最差的
拾荒者。

　　20世纪八九十年代，拾荒行业开始变得热门，越来越多的人加入城市的拾荒大
军，他们租用土地，建立废品回收仓库，对当地的各种废品进行分门别类的分拣回收。
后来，城市扩张建设高端小区，很多城中村和平房面临着拆迁。城市的"士绅化①"过
程中，地产资本总是尝试拿走这样的空间，以前拾荒者还能就近生活工作，现在不得
不越搬越远，时间、交通成本也越来越高。随着城市升级改造、产业结构转型和劳动
力的转移，拾荒者不断被城市的外扩越推越远，不少拾荒者开始逐渐离开这个行业。
我们也渐渐发现，那些在街头巷尾叫卖废品的声音变得越来越少了。而且生活水平提
高了，人们也不再把那些废纸和瓶瓶罐罐拿去卖了，干脆全部扔进垃圾桶。随着这个
行业的萎缩，每年数以百万吨计的废品因为得不到回收而当成垃圾处理，被填埋、焚
烧，或误入厨余堆肥厂。

① 士绅化，也称绅士化（gentrification）。士绅化式的重建就是依照这类人推崇的生活环境来
　改变城市的空间，并将本来居住此区的低收入人士搬离，引来较高收入人士迁入。

2.4.2 废品生活

拾荒者或废品从业者，时常被贬称为"捡破烂的"。垃圾回收，给别人的第一印象就是"脏乱差"，但实际上，这是一种劳动密集型的技术活，它是非常有序、非常专业的，从称重、计量到废品的辨别、估价，再到寻找货源和渠道，和上下家讨价还价，每一个过程都是一门学问（图2-2）。了解拾荒者，看见垃圾，我们才能对这座城市有真正的理解。在《废品生活》一书中，两位社会学者胡嘉明和张劼颖以平视的姿态描绘出一个北京郊区村落中拾荒者不为人知的生活，展现出冷漠的钢筋水泥"森林"中暗藏的蓬勃生命力。虽然政府一直在尝试把个体拾荒者纳入管理系统中，解决诸如回收不当引起的二次污染等问题，然而并不是很成功。拾荒者并不愿意被收编，他们更愿意游离在正规的垃圾处理体系之外。书中谈到，收废品已经成为拾荒者的一种生活方式，他们有自己的一套工作理念，而且比在工厂上班自由很多，更不用担心被拖欠工资。更重要的是，拾荒者这个行业其实是有行规的，他们有一套工作方法，获得了经验技能还可以在行业内提高自己的地位。中国人民大学环境经济学教授王维平指出，拾荒者经常以老乡的身份聚集，形成一个个乡土社会中的同心圆格局。同心圆中分为核心和外围。这个行业是很难进的，需要人脉。拾荒者群体是有帮派的，如果没有老乡的关系，就算想靠捡垃圾作为生计也没有门路。比如说，拾荒者会与小区物业建立

图2-2 拾荒者在垃圾站、垃圾桶里捡拾有回收价值的废品

一种互惠关系。物业需要人帮忙处理垃圾，市政垃圾车进入小区后就需要有人帮忙把垃圾装进车。懂得谈判的拾荒者会和物业形成相对稳定的信任，独家包揽整个小区的垃圾。这样他们在帮助小区的同时，就可以获得更多自己需要的废品。如果没有划分到地盘，就只能在被环卫工人和其他帮派翻捡过无数次的垃圾堆和垃圾桶中寻找剩余的瓶子和废纸勉强糊口。

拾荒者大致分为两种：一种是专门收购废品的，他们活跃于居民区、工厂或工地附近，收购别人不需要的废品，称重计价。另外一种是捡垃圾的，他们在垃圾站、垃圾桶里捡拾有回收价值的废品，分拣后卖给小型收购站，然后废品会被打包卖给更高一级的大型收购站，送到回收再造厂进行处理（图2-3）。拾荒者的赚钱模式都是靠低价买进高价卖出赚取中间差价（图2-4），因此他们必须懂得判断废品材料，熟悉市场价格。废品包括纸类、金属、玻璃、除塑料袋外的塑料制品、橡胶及橡胶制品、饮料瓶等，大部分废品都属于垃圾分类中的可回收垃圾。废品种类非常多样，光是塑料就有几十种不同的材质，不过这些拾荒者都能对这些废品进行精细分类。有些金属、塑料类的废品单凭肉眼不容易判断，为了清楚判断废品的材料，拾荒者还会用打火机烧，通过气味辨别具体材料。分得越细，卖得越贵。因此，就算上了年纪的拾荒者，也对垃圾分类非常熟悉（图2-5）。

图2-3 小型收购站

图2-4　拾荒者通过低价买进高价卖出赚取中间差价

图2-5　拾荒者

第 3 章

语境与行为

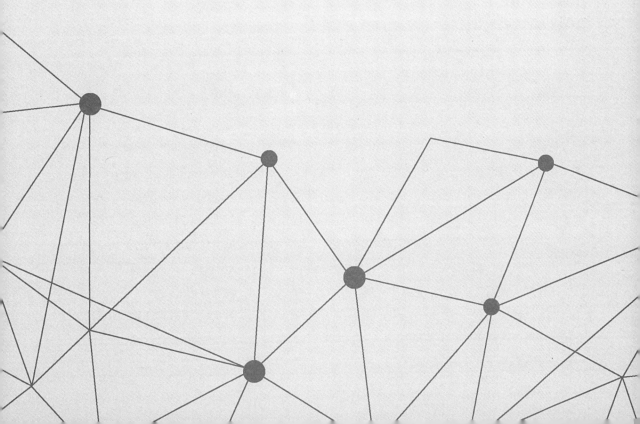

3.1 文化、社会、设计

"文化"一词被社会学家、人类学家、心理学家和设计专家们广泛使用多年。广义上讲，它指的是一个群体或社会的价值观、信仰、风俗习惯和行为、认知和感知。人类学、生态学、心理学和社会学等多个领域也一直在讨论人类、环境与文化之间的关系。研究人员和设计者越来越强调理解文化的重要性。有学者指出环境因素会对人类文化和人类活动的进化产生直接影响。环境被视为影响人类生活方式、价值观和行为的一个重要的决定因素。环境心理学家阿特曼提出了一个环境—行为的模型，其中包括社会环境、用户群体和行为现象等。阿特曼认为，环境与文化因素存在于同一个系统中，相互依存。物理环境的变化会导致文化习俗的改变，反之亦然。环境—行为现象表明，文化与环境密不可分，两者应该被视为一个整体去考虑。摩尔（Moore）指出，在设计过程中，对环境与人类行为之间关系的系统研究非常重要，因为它代表了人们如何与他们的物理环境互动，并决定了设计能否满足人类的需要。

图3-1显示了环境和文化的相关变量，它指出环境与文化是一个整体系统而不是独立不相关的。"文化因素"反映了一个社会或群体的生活方式和观点，与价值观、信仰、社会结构、家庭结构、习俗、行为、认知和感知相关。"用户群体"包括在日常生活中处于该环境或场所的人，如料理家务者、家庭佣人、其他家庭成员和清洁工。"环境/场所"包括地域环境的特征，如国家、地区、社区、邻里、建筑类型、基础设施、设施设备、家庭和房间。物理环境的多样性会导致差异化的文化行为和实践，同一环境中的人由于不同的文化因素也会表现出不同的行为。"设备/设施"作为框架中的变量之一，表明它们可能受到整个系统中其他因素的影响。然而，从设计到实施的过程，人们往往将一些重要方面予以忽视或误解，例如用户群体不同、物理环境的独特、文化行为和习俗的差异等。因此，要探讨社会的垃圾问题和所面临的挑战，应将环境、文化和使用者视为一个系统整体去考虑。在这里，我们以香港为例，尝试对框架中的一些关键因素进行讨论，以揭示它们是如何影响人们的可持续行为的。

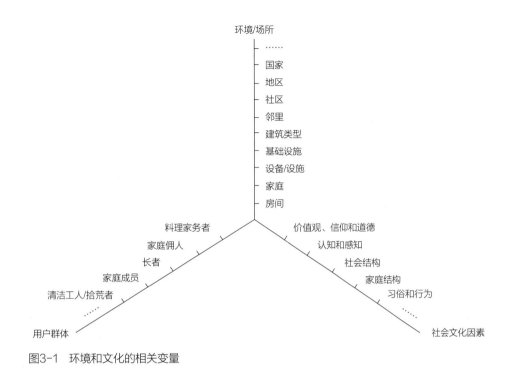

图3-1　环境和文化的相关变量

3.1.1　家庭结构

家庭是日常生活开始的地方，也是生活垃圾产生的地方。不少社会学家和人类学家指出家庭是一个微型的社会，不仅提供人类活动的场所，同时还定义了每个家庭成员的角色和相关责任。格雷戈里（Gregory）与格蕾汉姆（Greham）指出，"妻子"、"丈夫"和"孩子"的角色通过日复一日的日常生活实践不断得到确认和强化，并确定了每个角色相应的责任。"家庭主妇"一词意味着"妻子"这个角色担负的特定责任——不仅仅是生殖角色（在分娩和育儿过程中）或照顾角色（丈夫和孩子），还包括处理家务这份"工作"。

在家庭结构方面，近二十多年来，香港的平均家庭规模持续下跌，从1985年的3.7下降到2011年的2.9。2012年全港人口普查数据显示，1981年至2011年生育率下降了37%。25岁至54岁的妇女劳动参与率由59.7%跃升至72.7%，在职女性约200万名，超过总劳动人口的一半。随着社会结构与经济的巨大变化，妇女作为家庭主妇的责任与其在传统社会中所承担的责任也有很大的差异。妇女在政治、社会和家庭领域的地位进一步提高，积极参与社会工作。妇女既是家庭支柱，也是重要的人力资源，更在社会不同方面担当重要角色。例如，在过去的几十年前，很多家庭有多个孩子，家庭主妇不得不待在家里照顾孩子和做家务。也有一些家庭主妇打零工，但她们也必须在下班后赶回家做家务（图3-2）。然而，在20世纪70年代，随着经济的增长和生育率的不

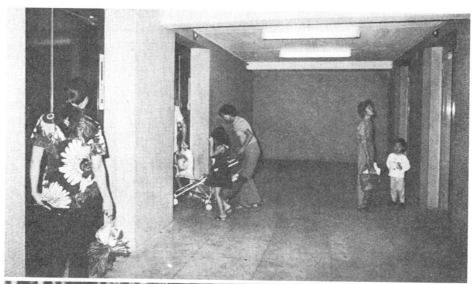

图3-2　20世纪80年代，城区家庭主妇的日常生活，大多数人都待在家里照顾孩子和做家务活
（来源：香港住宅，1983）

断下降，许多妇女找到了更多的机会进入全职劳动力队伍。工作时间长、工作压力大，使得女性很难在家务琐事上花费很多时间。同时，每个家庭成员的责任在逐渐发生变化。例如，2003年香港男性做料理家务者人数为1.2万，2015的人数已升至1.7万，与传统"男主外、女主内"的观点相反，如今已有一些男性在家里负责照顾家庭和做家务。然而，在大多数家庭中，家庭角色的分配跟过往并没有太大的区别，也就是说，妇女仍被视为处理家庭事务的主力，工作之余还要照料子女及处理家务琐事。换言之，虽然"垃圾分类，人人有责"，垃圾分类回收行为针对每个人，然而每天处理日常家务的家务料理者才是与垃圾分类回收最密切相关的人。

3.1.2　社会结构

在过去几十年里，香港社会发生了巨大的变化，生活条件、家庭结构和财政收入或教育水平发生了重要转变。随着全球重组的劳动力的角色也在发生变化。自20世纪80年代以来，随着菲律宾经济问题的不断恶化，许多菲律宾人离开家园，到亚洲其他地方寻找工作。同时，改革开放以后，香港经济发展直接起飞，香港中产阶级女性大规模回到公共领域参与工作，导致对于私人领域的劳动力需求激增。那家里有老人或者小孩的怎么解决呢？香港政府给出的解决办法是——雇菲佣。于是大批菲律宾人获准来香港工作，走进了香港的普通家庭，开始为香港的家庭服务。根据香港政府统计处数据，到2010年，已有28万香港家庭雇用过外籍家庭佣工（包括菲佣、印佣等）。外籍家庭佣工的出现改变了许多香港家庭妇女的角色，让越来越多的妇女从烦冗的家务解脱出来，能够选择并追求新的生活方式，获得更高的社会地位。在许多家庭中，妇女已经不再是"家庭主妇"，因为她们将照顾子女和家庭的工作转给了佣人。

一般而言，家庭管理的职责包括做饭、清洁、熨烫和照看孩子。家庭佣工应承担的职责种类取决于雇主的要求。女权主义者人类学家郭思嘉（Nicole Constable）在她的民族志《定制女佣：关于香港菲律宾家政工的民族志》（Maid to Order in Hong Kong: An Ethnography of Filiphina Workers）中指出，不管家庭佣工是否意识到她的社会阶级地位，她仍然被视为一个"顺从"的工人。这些佣人在某种程度上受到雇主的控制。家庭佣人必须遵守家庭规则，遵守雇主的时间表。否则，她将遭到批评甚至解雇。根据移民局要求，家庭佣人必须住在雇主的住处。按照郭思嘉的说法，这更像是"服兵役"，因为他们每天24小时都要遵守雇主的规定和时间表。法律规定菲佣每周必须要休息一天，一到休息日她们便会出去聚会，享受一天的休闲时光，然而，大部分雇主都希望她们晚上能早点回家，并且接手一些尚未完成的任务，比如清洁和倒垃圾。

大多数菲佣的受教育程度较低，工作时间较长，工资较低，虽然如此，她们仍然是经过训练而且负责任的。如果雇主要求，她们会在家里帮忙进行垃圾分类，并把可回收的物品放进公共回收箱，因为她们意识到这是工作的一部分，就像清洁和做饭。在一些家庭里，如果家庭成员受过良好的教育和有环保意识，他们会很积极地参与垃圾分类，不管他们有没有雇佣家庭人。垃圾分类回收被视为家务的一部分，并成为一种习惯。

尽管菲佣可以代替家庭主妇，但她们在家庭问题上几乎没有决策权。所有的生活方式选择（如习惯、行为和品位）都由安排或分配家庭任务的家庭管理者决定。因此，在雇有菲佣的家庭中，雇主在回收活动中仍然发挥着重要作用，即使菲佣负责了家里大大小小的事务。换句话说，无论是否雇用了佣人，家庭管理者在垃圾分类回收这个事情上始终扮演着至关重要的角色。

3.1.3　价值观与行为

与许多实行如"垃圾按量收费"等垃圾征费政策的地区不同，香港仍然实行自愿分类的回收政策。当地居民由于长期根深蒂固的习惯，其垃圾处理行为已经形成。大多数人缺乏对环境问题的认识，意识不到垃圾减量和资源分类的意义。只有少数关心环境可持续问题的人们会主动参与分类回收活动。由于缺乏经济激励措施，许多人仍然希望依赖于其他人的努力而坐享其成。文化因素是动态多变的，因此人们应对政策或措施的方式复杂多样。例如，受过良好教育和环境意识良好的人可能会认真思考他们的社会责任，然而，生活条件（如生活环境、经济地位或受教育机会等）差的人，通常为每日生计而奋斗，对社会责任所知甚少。在这种情况下，影响他们积极参与回收分类活动的原因更多是来自于经济刺激。

3.2　社区邻里

在探讨家庭的垃圾分类回收实践时，不可避免谈及社区邻里。社区作为人们日常生活、休闲、消费、交流、塑造身份、集体活动、形成社交网络的场所，在人们的日常生活中发挥着重要作用。它是一个包含了各种人类活动的特定的公共空间。

3.2.1　五家为邻，五邻为里

"邻里"一词由"邻"和"里"组成。在地理学上，"邻里"是指城市社会的基本单位，是相同社会特征的人群的汇集地，个人交往的大部分内容都在邻里进行。在社会学中，"社区邻里"除了地缘关系，还有互动关系。《周礼》称："五家为邻，五邻为里。"即每五家组成一个"邻"，每五个邻即二十五户人家组成一个里，"邻"是古代最小的行政组织。古人心目中，邻里关系的地位与价值，是仅次于血缘宗族关系的较为重要的地缘关系，因此有关邻里的俗语很多：远亲不如近邻；是亲必顾，是邻必护……反映了古代邻居之间互相帮助依靠的社会现象。邻里社区不仅构成了各种生活方式，同时还为特定的居民具体提供了相应的设施和服务。社区中的设施和服务都应该是"平等的"和"所有人共有的"。社区邻里被视为城市生活中的小区域，它强调的是在"有界限的地方"的"集体活动"、"共鸣"、"社会网络"和"共同实践"。身处在同一个社区网络中的人们会相互模仿。比如说，人们会因为他们注意到附近的其他居民不参与分类回收而变得无动于衷。同样地，如果他们身处的环境大家都积极参与垃圾分类，他们也会自然而然地去模仿。然而，人们也会因为他们固有的认知、教育、品位和习惯而呈现不一样的行为和生活方式。

3.2.2 邻里的社会功能

在当代社会，"邻里"的界限已经模糊很多了，并不像传统定义那样具体。邻里不仅具有相互支持的功能、社会化的功能，有时还具有社会控制功能。相互支持功能，是指在小范围内提供合理的相互帮助，增加邻里间的安全感和信任感，在生活中互通有无，共同解决生活难题；社会化功能指一套价值观和规范体系，以此教化邻里中的居民；社会控制功能是指通过活动和规范来约束居民的行为，维持社区的一致性。在农村，邻里的功能比城市更为人所重视，也更为完整。

佩里（Clarence Perry）认为，在住宅附近一带要有生活服务设施。他把设有这种设施的用地称为"家庭邻里"。佩里认为，在一个布置得当的邻里空间里，公共生活会活跃起来，居民们在利用公共生活服务设施的时候经常接触，就会产生邻里间的联系。然而，在高层住宅里，家家户户都是大门紧闭的，与旧时街坊们那种同住一条街巷的邻里互动完全不一样，人们也只能依赖社区里的公共空间进行联系。社区邻里是一个具有特定社会文化和关系的地方。因为一个社区的所有人都参与到它的社会关系中，从社会规范到个人实践，人们可以很快地相互学习。另一方面，邻里的结构、规范与活动，受所在社区的制约。社区一般只把限制置于邻里群体可能接受的范围内。如限制超过人们接受范围，会引起邻里的反对和投诉。所以在研究社区人们的日常生活时，要考虑不同阶层的人，不仅包括接受过良好教育的精英阶层，还应包括拾荒者、清洁工人等草根阶层。

3.3 便利的社会

在香港、北京、上海、深圳、广州等城市，高密度、快节奏是这些城市的显著特征。追求便利的生活方式更是大多数年轻人尤其是上班族的生活态度。近几十年来，随着各地经济的发展，生活条件、家庭结构、财政收入、教育水平等方面都发生了巨大的变化。就家庭结构而言，过去许多妇女都是待在家里做家庭主妇。如今，许多妇女有机会进入全职劳动力市场。由于工作时间长、工作压力大，他们处理家务的时间比以前少。因此，便利性对于人们来说非常重要。各种现代技术和服务如微波炉、节能冰箱、洗碗机、洗衣机、外卖熟食、扫地机器人、保姆和家政等应运而生，帮人们做一些日常可替代性的工作，给人们生活带来了便利，将妇女从繁琐的家务中解放出来。

3.3.1 便利的定义

在牛津英语词典中，"便利"（convenience）是指"能够毫无困难地进行某项工作的状态"。从过去到现在，学术界关于"便利"定义的讨论一直没有停息，表明了"便利"有着多维度的内涵。耶鲁（Yale）和文卡特什（Venkatesh）认为便利包括六种类别：时间利用、轻便性、适当性、便携性、可达性和避免不愉悦。布朗（Brown）对此则持不同态度，他表示这种分类方法极其模棱两可、复杂而且难以衡量，因此他提供了另外一种分类方法：时间、空间、获得、使用和执行。然而，在继续挖掘"便利"的结构内涵后，布朗建议可以进一步修改、完善此前的分类，将其简化为两个维度——时间和精力。从中得出了如下的定义：

便利是相对于产品或服务类别中其他产品所需的时间和精力，减少购买、使用和处置产品或服务所需的消费者时间和精力。[①]

同样，高夫顿（Gofton）也指出，便利是指人们获取或获得资源的能力和"时间可用性"（time availability）。正如布朗（Brown）的论述，"时间可用性"不仅指节省时间，还指有效利用时间。另外，有学者提出，金钱与时间、精力可以互换，在考虑便利性时，也有必要对成本进行评估。

上述这些研究都是基于消费和市场营销的角度去对"便利"的内涵及其构成进行界定，为市场营销如何满足消费者需求提供了方法和思路。从中可以看出，便利的获得与消费行为密切相关，也是造成过度浪费的其中一个原因。然而，过去的研究并没有揭示在便利的丢弃阶段是以何种方式对回收行为产生影响的。丢弃的处理方式影响人们的感知和行为，决定了他们是否会对可回收物进行分类。

3.3.2 制度化的节奏

现代城市的生活节奏很快，尤其在我国香港。各方面的运行效率很高，从政府系

---

① Brown, L. G., & McEnally, M. R. (1992). Convenience: Definition, structure, and application. *Journal of Marketing Management*, 2(2): 47–56.

统到公路运输系统。这座城市总是很繁忙，特别是在上下班高峰时段，火车、公共汽车、人行桥和电梯上，到处都是穿梭的人群。白天都是匆忙的脚步。吃饭、工作、睡觉形成了制度化的节奏，构成了人们的日常生活。这些每天制度化、常规化的作息表让我们难以轻易去改变人们固有的习惯和行为。凯文·林奇（Kevin Lynch）在《城市与变化的时代》（*What Time is This Place*）一书中分析了人类的时间感，并强调个人节奏和集体节奏之间存在着差距：

> 社会时间，是社会用以统一协调人们行动的，它不一定能与个人时间、个人节奏相一致。那些科学的、抽象的、精确的、客观的制度化时间与个人主观的认知有很大的差别。①

3.3.3　时间成本

"匆忙"一词与"时间可用性"相关，近年来社会学家和经济学家都一直在讨论。"匆忙"意味着时间有限，然而一些研究表明，尽管有足够的时间放松，但人们还是反常地选择"匆忙"。萨瑟顿（Southerton）用"时间成本"（time budget）一词来解释这种特殊的现象。达里耶（Darier）指出，"加快步伐"、"保持忙碌状态"、"保持匆忙状态"代表着"充实"和"有价值"的生活。这样人们就有理由把他们不可持续的消费和弃置行为合法化——因为他们需要节省更多时间。因此就算他们每天经过垃圾分类回收站，他们也不愿意在家里先对垃圾进行分类。

萨瑟顿关于"压缩时间"（squeezing time）的论述，人们会利用各种现代技术去增加便利性和弹性从而达到节省时间的目的。在富裕和便捷的社会中，人们希望以一种简单和便捷的方式获得物品并进行消费。后工业社会为居民提供了大量的商品，餐馆、超市、商店、公共汽车、汽车、快餐和电子设备随处可见，社会化的生产导致各种消费垃圾的大规模产生。于是人们便越来越依赖技术来解决社会问题。例如，新的基础设施和技术被设计出来解决垃圾处理，试图用一种快速有效的方法来处理日益严重的垃圾问题，如填埋区和焚烧技术。但由于人们已经把关注点从人类本身转移到了技术，垃圾废弃率并没有下降，反而出现了更多的社会问题。

① Lynch, K. (1976). What time is this place. The MIT Press, 64–66.

3.4　本章小结

　　本章论述并不是要批判便利文化、时间成本或者新技术，只是期望通过揭示便利的本质，探讨如何在制度化节奏的社会中通过提高公共设计的便利和易用性。我们在此把便利的本质特性简单归纳为三点：（1）便利与时间和能量密切相关；（2）金钱与时间和能量可以互换；（3）个体对便利的理解与个人的生活节奏密切相关。降低垃圾弃置的便利性，同时增加可回收物分类回收的便利性，是解决垃圾问题的有效途径之一。

第 4 章

设计干预

4.1　影响行为的因素

各地政府、组织机构、相关企业和研究人员在城市的垃圾问题方面做出了巨大的努力。我们一般会采用不同程度的干预方法去改变人们的不良行为，从教育引导到规范约束，包括教育、管理、经济激励、惩罚和法律法规等策略。惩罚、法规和奖励无疑是可以直接提高垃圾回收率的，但是设计和有效的管理执行在改变人类行为中发挥着重要作用。事实上，人们的行为是有惯性的，尝试改变人类的行为有很大的困难。丹·洛克顿在*Design with Intent: A Design Pattern Toolkit for Environmental & Social Behaviour Change*一书中指出，设计可以引导人们的可持续行为，同样，也可能会阻碍人们，限制人们的行为。例如，低质量和低效率的公共回收设计可能无法动员公众参与其中，甚至会让用户觉得烦恼和沮丧。探讨高质量的公共设计时，有必要对背景因素包括社会、经济、文化等方面进行全面考虑。

帕乔指出目前关于环境问题主要集中在科学家和专家方面的意见，而不是当地居民。很多时候，决策者、执行者、管理者和设计师都认为他们了解用户，对设计有共同的理解。而事实上，由于缺乏从用户的角度去考虑，许多公共设计并不符合他们的要求和偏好。在对高密度公共空间的长期研究中，邵健伟强调设计师不能将自己的喜好强加给用户，因为用户有他们自己的认知和需求。只有在深入观察了解用户的认知和行为后，才能通过合理的设计干预用户的行为而不引起用户反感。

影响行为的因素很多，要直接得出一个结论是比较困难的，因为理解人们的行为需要结合心理学、社会学、人类学和生理学等多个学科进行全面的分析。尽管如此，我们还是可以尝试从不同的角度去寻找一些实际的影响从而帮助设计师思考设计时候需要注意的问题。

多年来学者们一直都在研究和讨论行为干预（behavioural intervention），然而，大多数的研究来自于心理学和社会学等领域。在设计领域，除了人机交互设计之外，一直缺乏比较全面深入的探究。在了解人们行为时，外部因素和内部因素都需要一起考虑。社会心理学家勒温提出的人类行为公式B=f(P，E)中，B指行为（behaviour），P指个体（person），E指个体所处的环境（environment），f指函数关系，该公式指出行为是个体（内部因素）及其情境（外部因素）的函数，即个体行为是个体与其情境相互作用的结果。美国管理学家赫伯特·西蒙（Herbert A. Simon）用了一个"行为剪刀"示意图来比喻环境行为的关系。西蒙指出，剪刀的两个刀片，分别代表了"背景"和"认知"，必须整体来考虑，只专注于其一将无法实现对用户行为的全面理解。不过，洛克顿指出，要彻底把两个因素分开是不可能的，因为认知因素依赖于背景因素。尽管如此，西蒙的"行为剪刀"还是强调了背景因素对可持续行为的重要性。温特等人也指出人们常常高估了个人因素，认为不可持续的行为主要都是个人因素造成的，而低估了情景因素对行为的影响。正如人们会把浪费问题和丢弃行为归咎于道德问题，而忽略了背后的社会文化等情景因素。

　　"行为"一词已被社会学家、人类学家、心理学家和设计专业人士使用多年。人类学、生态学、心理学和社会学等多个领域都有不少关于行为与环境的关系的研究。近年来，设计研究人员和设计师越来越强调了解环境的重要性。贝尔（Bell）和科佩茨（Kopec）研究了人类行为和活动演变的环境因素。环境心理学家阿特曼则提出环境可被视为生活方式、价值观和行为的一个重要的决定因素。阿特曼提出了一个环境行为问题模型，包括社会环境、用户群体和行为现象。这种观点认为，环境因素和行为相互依存相互影响，物理环境的变化会导致行为的改变，反之亦然。环境行为现象表明，环境与行为应该放在同一个系统内去理解。摩尔强调对环境与人类行为之间关系的系统研究在设计过程中非常重要，因为它代表了人们如何与他们的物理环境互动，并决定了设计是否能满足人类的需要。

4.2　设计改变行为

　　维贝克（Verbeek）认为，设计不是中立的，它是调解者的角色，可以积极促进人与环境之间的关系。虽然认知和情景不能完全彻底地区分开，但西蒙的"行为剪刀"确实提供了一个简单的轮廓以帮助我们去理解认知与情景的重要性。情景方法旨在改变人们行为的背景，例如，通过使其更容易或更难以某种方式行事。认知方法旨在改变人们的思维、态度和动机，使他们有欲望或者没有意愿去做某种事情。洛克顿（2013）对一系列通过设计影响可持续行为的方法进行了归纳，其中不仅包括从心理和设计角度来看行为的背景方法，如行为主义、建筑和城市化、可供性和约束、生态心理学、格式塔心理学、社会背景和POKA-YOKE[①]，还包括影响行为的认知方法，如启发式决策、信息流、说服技术、游戏化、产品语义和计划行为理论（TPB）。关于这些方法和设计见解的更多细节可以参考洛克顿 *Design with Intent: A Design Pattern Toolkit for Environmental & Social Behaviour Change* 一书，主要方法如下。

4.2.1　情境方法

- 运用积极或消极的强化等刺激来激发理想的行为；
- 设计特定环境中的物理环境和模式；
- 识别和规范某一群体的行为，为其他人提供了理想的参考路径；
- 操纵用户的感知能力；
- 使用社会证据作为刺激来向个人展示其他人的行为方式；
- 使希望出现的行为变得更容易，使不希望出现的行为更加困难；
- 为人们"角色扮演"设计系统或情境，鼓励他们始终如一地扮演着自己的角色（戈夫曼，1959）；
- 通过设计减少或消除不良行为。

4.2.2　认知方法

- 识别外围和中心路线说服；
- 使用游戏元素进行设计以增加参与度；
- 利用情感，识别人们的反应和需求，例如，感性工学；
- 让设计带来愉悦感，而不是简单地满足功能和基础要求；
- 借助产品语义使人们能够理解其意图；
- 使用有助于动员其他人的产品或服务；
- 应用不同类型的反馈来自动纠正"错误"；
- 向用户提供"前馈"，例如，动作结果的模拟、可能性或预测。

---

① POKA-YOKE日文名称ポカヨケ，意为"防误防错"，亦即Error & Mistake Proofing，又称愚巧法，防呆法。意即在失误发生前即加以防止的方法。它是一种在作业过程中采用自动作用（动作、不动作）、报警、提醒（标识、分类）等手段，使作业人员不特别注意或不需注意也不会失误的方法。

4.3 行为干预

当我们讨论如何影响人类行为时，通常也会探讨干预措施的有效性。杰克逊（Jackson）、莉莉（Lilley）、洛克顿、维沃（Wever）等来自不同领域的专家学者探索了行为改变干预方式各种策略。下面介绍一些有助于理解行为干预方式的模型和策略。

4.3.1 生态反馈、行为指导和劝导技术

莉莉指出，产品干预、教育干预和技术干预，构成了影响用户可持续行为形成干预策略。早在2005年，莉莉就提出了干预策略模型，随后她进一步对模型进行了修正，提出了三种改变用户行为的设计干预策略（图4-1）：

（1）生态反馈——通过提供音频、视觉和触觉信息等标志，帮助用户识别其行为的影响。

（2）行为指导——鼓励用户通过"脚本"的形式，按指定的方式行事（关于"脚

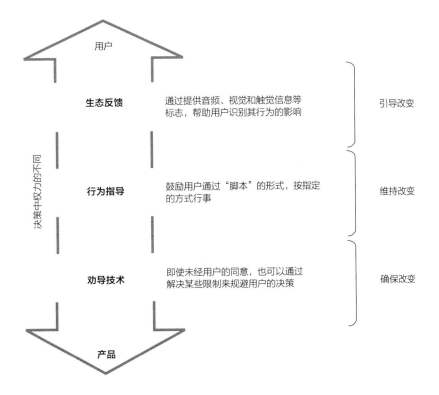

图4-1 莉莉（2009）的可持续行为干预模型

本"、"可供性"和"约束"的定义，详见诺曼，1998）[①]。

（3）劝导技术——即使未经用户的同意，也可以通过解决某些限制来规避用户的决策。

同样，维沃用"生态反馈"、"脚本"和"强制功能"这些术语来对设计干预进行分类。"生态反馈"、"脚本"这两个术语与莉莉提出的"生态反馈"和"行为指导"一致。"强制功能"不仅涉及莉莉的"智能产品和系统通过规避用户的自行决定而降低不良行为发生的潜在可能性"，还包含诺曼的"约束"——人为制造巨大的障碍以防止错误行为的发生。

显然，在产品设计中人们可以同时运用几种以上的方法去影响行为，以达到可持续行为形成的目的。莉莉认为，产品主导的干预措施既不依赖于用户的服从，也不要求用户完全改变他们的生活方式；相反，它们旨在通过螺旋式的过程潜移默化地干预用户的实践，从而形成积极的行为。

4.3.2　信息策略和结构策略

盖勒把行为干预策略分为两种类型——先行策略和后果策略。先行策略旨在通过提高社会意识，告知人们可供选择的方式，或通过信息、教育、经济激励、促进和可持续设计促进积极活动来改变行为。相反，反馈、奖励和惩罚等后果策略旨在改变行为结果。根据盖勒的模型，斯特格（Steg）和瓦莱克（Vlek）（2009）提出了两种类型的干预策略来鼓励可持续行为——信息策略和结构策略。信息策略旨在改变人们的认知、感知、知识、价值观和规范，结构策略旨在改变行为形成的环境。

信息策略旨在影响人们的动机、态度和规范，而不是改变他们的行为。通常这种策略会让行为发生微小的改变，但它们可以提高社会意识并增加知识，最终会影响行为。信息策略为实施结构策略提供了重要的前提条件。在应用信息策略时，最重要的一点是要倾听用户的声音并获得他们的承诺，例如，鼓励公众参与可以有助于设计干预和实施长期有效地进行。参与策略可以帮助了解人们的需求，吸引他们的注意力，建立互助并提高认同感，而不会超出公众的容忍限度。

结构战略旨在改变背景因素而不是个人因素，如物质基础设施、设施的可用性、设计和服务的质量、财务制度和法律法规。这些策略可能间接影响人们的动机和态度。奖励和惩罚在改变人类行为方面更有效，但是，这些策略无法保证长期效果，策略一旦停止，其影响也很快消失。为确保结构战略的有效性，应仔细检查具体的背景因素，

---

① Norman, D. A. (1998). The Design of Everyday Things. Cambridge, MA: The MIT Press.

并针对目标群体的动机和具体情况制定相应的干预措施。

许多学者已经评估了与信息战略相关的干预措施的有效性，但很少有人讨论结构战略的有效性。由于感知效果与实际有效性和接受度之间存在差距，因此必须通过实验来评估干预措施。尽管通过实验进行的评估研究费用昂贵且耗时，但它们不仅可以揭示了干预措施的适应程度，还可以帮助我们了解如何改进这些干预措施。此外，斯特格特别强调，效果评估时不仅仅只看环境行为本身，还要从用户的角度对生活质量和满意度进行评估，后者在激励可持续行为方面起着关键的作用。

4.3.3　使能、激励和约束

洛克顿等人开发了一套意向设计工具（Design with Intent Toolkit，简称DwI），用于通过设计改变用户行为。它为设计人员在设计早期阶段提供了一些实际操作方法。除了这些实用方法，洛克顿还提供了一种通俗易懂的方法来对这些方法进行分类。所有影响用户行为的方法无非归结为三类——"试图让人们做某事或试图让人们不做某事"，"让人们做某事变得更加简单（或更加困难）"和"让人们想做（或不做）的事情"。而"使能"、"激励"和"约束"方法可以有效地帮助我们去连接这三个类别的方法（图4-2）。

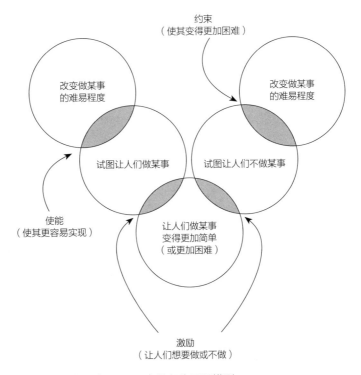

图4-2　洛克顿（Lockton）的行为干预模型

（1）使能方法（使其更容易实现）——通过使人们更容易或更容易实现可持续行为。

（2）激励方法（让人们想要做或不做）——激励人们通过教育、激励或改变他们的态度来改变他们不受欢迎的行为。

（3）约束方法（使其变得更加困难）——通过使替代方案变得困难或不可能来限制人们以期望的方式行事[①]。

一般来说，应用这些方法并不困难，但设计师应考虑何时应用哪种策略，以及人们可能出现的反应。

4.3.4 强制性、劝服性、诱导性和决定性

尽管关于设计如何改变人类行为的研究数量正在增长，但用户如何体验以及对这种影响的反应却很少被讨论。然而，用户对设计影响的经验和响应非常重要，它决定了设计干预的有效性。

特罗姆普（Tromp）基于显著性和力量两个维度提出了一个行为干预影响模型，并用一个矩阵来对这四类影响进行划分：强制性的、劝服性的、诱导性的和决定性的（图4-3）。从图中可以看出，强制性干预是强劲的、明显的。受到强制干预的人们会

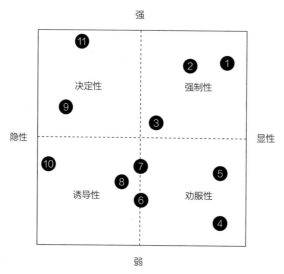

图4-3 特罗姆普（2011）的行为干预影响矩阵

[①] "约束"法则有两种基本形式：物理约束和心理约束。唐纳德·诺曼（Donald Norman）在《日常物品的设计》（*The Design of Everyday Things*）一书中提出了"语义约束"（semantic constraint）、"文化约束"（cultural constraint）、"逻辑约束"（logical constraint）和"物理约束"（physical constraint）。

觉得干预是强有力的（例如，通过罚款对人们的不良行为进行干预）。劝服性干预在其
影响力方面很弱可是很明显（例如，促进节约粮食的运动）。相反，决定性干预影响力
很强大可是很隐秘。设计师通常会利用决定性的干预去影响人们的行为，不过人们往
往觉察不了，他们认为这是外部管理而已，并不知道这是设计师刻意制造的人为干预。
相对其他干预方式而言，诱导性干预的影响力是最弱的，而且也最不起眼。

　　然而，这种分类方法存在一个问题——它不能保证用户体验的结果会如预期的那
样。个体会根据个人因素而将相同的干预分配给不同的类别。例如，设计的预期会产
生强制性影响，但实际上用户可能会认为干预只是劝服性的。干预对不同个体施加的
影响亦视具体情况而定。此外，用户可能会随着时间的推移而对同一种干预影响产生
不一样的体验。例如，一些经历了决定性干预影响的人可能会在不久之后改变对此的
态度。也就是说，只有当用户最终体验并响应设计时，干预措施才能被定性为强制性、
劝服性、诱导性抑或是决定性。虽然只划分了四类影响力，但特罗姆普表示实际上用
户体验比这四个类别更丰富。即使用户将干预视为预期的强制性，个体之间的体验也
可能不同。例如，有些人会认为干预是"合理的"和"可接受的"时，而有些人却认
为这种干预是"无意义的"和"严格控制的"。

　　虽然设计人员无法保证特定干预的结果，但策略在某种程度上仍然可以对用户体
验产生不同程度的影响。干预策略可以增加（或减少）施加影响的程度。具体的设计
策略如下：

　　（1）为不希望出现的行为（例如：惩罚、痛苦）制造可感知的屏障；

　　（2）披露不可接受的行为（例如：羞耻）；

　　（3）使行为成为必要的活动；

　　（4）提供有关特定行为后果的信息或论据；

　　（5）必要时提供建议或行动指导；

　　（6）为相同的行为提供其他刺激方式，例如游戏和游戏化；

　　（7）唤起情绪以引起期望的行动或防止不必要的行动；

　　（8）利用生理过程诱导期望的行为；

　　（9）通过触发感知刺激激活人类行为倾向（类似于诺曼的"可供性[①]"的概念）；

---

① 功能可供性（affordance）。美国心理学家詹姆斯·吉布森（James Jerome Gibson）于
　1977年最早提出 affordance的概念，Affordance认为人知觉到的内容是事物提供的行为可
　能，而事物提供的这种行为可能就被称为可供性，简单来说，它就是指环境为人或动物的行
　为提供的一种可能性。诺曼是第一个在设计中引入 affordance概念的人。相较于吉布森，诺
　曼更强调一定情境下可以被知觉到的可供性（perceived affordance）的意义，在设计中，
　它不但与个人的实际能力有关，还将受到心理因素和文化或经验等的影响。每个人都会在产
　品使用中建立自己的心智模型，如果心智模型与产品设计不匹配，就会导致操作错误，造成
　不良后果。

（10）为期望的行为提供最佳条件，而不过度干扰心理过程；

（11）将预期行为作为唯一可能的行为进行触发。

特罗姆普强调，设计师可以通过阻止有问题或者消极的行为，或鼓励其他可持续行为来施加影响。不过，现有的大多数与社会责任行为相关的设计干预措施都是基于集体而非个人的。

对于一些社会问题，强制影响的效果非常显著，它可以为特殊情况提供临时解决方案。由于行为受到了外部监管，用户会认为这种干预是严格的。对于用户来说，关于生死问题的强制性干预是合理的，可以接受的。然而，还有很多是为处理大多数社会问题而制造的障碍。而这些干预都很容易引起争议，甚至不可接受。同样，不恰当的劝服性的、决定性或诱惑性的影响也会导致不愉快的用户体验。

4.4　实践主导

习惯是有惯性的，它本身是一种动作记忆和体验，结合了我们大脑的奖惩和趋避系统，并且已经在生活中无数次被证实这一路径的可行性。经济学家道格拉斯·诺斯（Douglass C. North）认为人们在行为过程中受益后，会不自觉地进行强化，并让自己不能轻易走出去。也就是会对曾经受益的行为路径产生依赖。因此，当我们想要改变人们的固有行为的时候，我们往往需要战胜的是一个结合了大脑奖惩和趋避的行为机制，这是一件难度非常大的事情，具有很大的挑战性。

在某种程度上，干预可以影响人类行为。设计干预必须在保证不降低人们意愿和主观能力的前提下进行。人们的行为改变需要一个适应过程，一些较为缓和的方式往往能够更为有效并且持久地发生改变。而那些试图以不恰当或者过激地改变人类行为的干预方式往往会引起人们的烦恼、沮丧和反感。当人们觉得干预方式过于冒犯并对此感到不适时，他们的接受度和意愿就会降低。只有适当的干预才能保证长期的可持续行为。合适的干预措施需要考虑用户体验和响应。用户的经验和对设计干预的反应是非常重要的，因为它们确保了干预的有效性。

由于存在不同级别的干预，用户就会出现不同程度的响应，例如不情愿的（被动）、可接受/理解的（中立）或自发性的（主动）。如果人们不愿意通过行为指导或生态反馈的干预方式去改变不良行为，则应采取有劝服性的（或强制性的）的干预措施，以确保行为的改变。但是，如果人们的态度仍然是消极的，并且他们不愿意改变他们的行为来回应所有类型的干预，那么设计师应该重新考虑他们的设计，提高用户的接受度并满足他们的需求。

需要注意的是，设计干预和用户反应都是动态的，没有绝对不变的干预形式，也没有绝对不变的用户体验和响应。用户的反应和接受度会随时间的推移和场所的改变而发生变化。此外，通常用户在适应可持续实践方面的进展都会比较缓慢，因此不情愿（被动）的表现在一段时间后可能会变得自发（主动）。因此，我们需要进行长时间的观察才能确定干预措施是否合适。

上文提到的洛克顿等人开发的DwI意向设计工具为设计师在制定行为干预策略上提供了很好的参考。但是，它几乎没有给出何时应用哪些策略以及人们如何反应的指导。由于设计干预措施的有效性在不同地区（或群体）中会存在一定的差异，因此我们应该及时对干预措施进行实地评估。

由于社会背景和人类行为都是复杂和动态的，设计师应该将注意力转移到实践而不是设计上。近年来，一些学者提出了"实践主导"（practice-led）和"以实践为基础"（practice-based）的方法，这些方法关注用户在实践中的行为方式，给设计师在设计过程中如何根据动态的社会背景选择相应的策略提供了一种有效的途径。个体之间可以互相学习、互相模仿，但由于个体认知和态度的区别，一个人的行为（即实践）可能与他人截然不同。这种差异决定了我们不可能以静态的方式应对不断变化的局面。由于用户的实践和社会规范在时空上是非静态的，因此在可持续设计过程中我们要注意流动性。换句话说，一个适合旧时代并满足过去人们需求的设计可能并不适合当今的社会。同样，在当前情况下，人们过去强烈反对的做法如今可能会完全接受，反之亦然。

"实践主导"可被视为设计师适应社会变革，并鼓励用户参与设计过程以及与设计师协同设计的一种方式。实际上，用户参与是很必要的，因为那些直接受决策影响的人应该有最大的权利做出决定。设计师可以通过用户（实践者）的活动来选择适当的干预措施进而改变不良的（或错误的）行为。通过实践主导的方法，设计师应该关注产品背后复杂而动态的社会实践，包括人和物品、人和社会之间的关系，而不仅仅是产品本身。

4.5 本章小结

本章从人类学、生态学、心理学和社会学等多个角度对影响人类行为的因素、影响可持续行为的方法、设计干预的模型和策略以及以实践为主导的方法进行了讨论。

对内在个人因素和外部环境因素的分析，有助于我们更好地理解人们的行为。除了个人因素如学历、道德、态度、认知等会影响人类的行为之外，许多环境因素如设施的可用性、物理环境、社会文化背景等都会制约着人们的可持续行为和积极性。然而，人们往往高估了个人因素导致的行为改变的程度，而低估了环境因素对行为的影响。人们认知的形成离不开它的语境，因为设计师和研究人员有必要对认知和背景（包括社会、经济、文化等方面）进行全面考虑。

设计干预可以影响用户的行为，不同类型的干预措施其影响行为的程度及用户反应也有所不同。在设计干预措施时，设计师应牢记产品干预和用户体验之间的平衡，不适当或有问题的干预措施会引起人们的烦恼、沮丧和反感，甚至引起反效果。用户的体验和反应决定了干预的有效性。考虑到环境背景的特殊性和动态性，需要根据目标群体的实际情况制定与之相适应的干预措施。此外，在评估行为改变的影响时，有必要从用户的角度对生活质量和满意度进行评估，因为它在促进可持续行为方面起着重要作用。

本章根据洛克顿的建议，对实践主导的研究进行了探讨。为了评估有效性和检查人们对干预措施的反应，应针对特定的环境、情况和目标用户采用实践导向的研究。这些理论综述为后续的研究奠定了基础，并发现了在可持续设计领域中的研究空白。

第 5 章

重 构

在第2章中提到了"异化"这一哲学术语，马克思用劳动异化来批评资本主义社会资本奴役劳动、物统治人等种种弊端。本章将尝试借助社会异化的几种形式表现，从当今社会中的垃圾丢弃现象去挖掘"人—垃圾—社区"的关系，并探讨如何重构三者之间的关系（图5-1）。

图5-1 "人—垃圾—社区"的关系图

5.1 "人—垃圾—社区"的关系

5.1.1 人与垃圾之间的疏离

虽然人们不断强调垃圾是放错地方的资源，然而在大多数情况下，垃圾仍被视为是对公众卫生健康的一种威胁，必须尽快清理干净。为了保持城市的洁净，人们用了很多现代的技术去处理垃圾，包括焚烧厂、填埋场和现代化垃圾处理设施等，并想方设法把垃圾往其他地方倾倒。城市垃圾管理的目的是让垃圾尽快从人们的眼里消失，以最快的方式把垃圾转移到城市遥远的外部。人们千方百计地掩盖垃圾，要将垃圾从目光中抹去。从垃圾的搜集到转运，垃圾通过庞大的城市环卫系统转移出人们生活的视线，于是垃圾被内化和隐藏化了。垃圾似乎并不存在。

在许多住宅区里，清洁工人以每天一次或两次的速度把垃圾从公共垃圾桶中批量运走（图5-2）。人们对垃圾的处置感到陌生和麻木——人们一旦把垃圾放在垃圾桶里，便对之后发生的事情毫不知情。人与垃圾之间的关系被进一步弱化了。

"在我们的楼里，我们只需要将垃圾放在门口走廊就可以了，清洁工人每晚固定时间会挨家挨户地收集垃圾。如果我错过了收集时间，我就会把垃圾拿到楼下的大垃圾桶……不可能在家里放一个晚上的，会引来老鼠蟑螂的！"——郭先生（70多岁）

在很多场合中，垃圾分类回收设施提供的数量并不多，远远比不上垃圾桶的数量。垃圾桶随

图5-2　清洁工人以每天一次或两次的速度把垃圾从公共垃圾桶中批量运走

处可见，人们扔垃圾也是极其便利。因此在设施不完善的情况下，他们更加会选择一种最便利的方式去处理垃圾。另一方面，由于居民投放和垃圾车清运非同时发生，绝大多数居民看不见垃圾车是否有分类收运，加上"前分后混"的问题多年来饱受诟病，居民们心里始终有个疑问：我分好的垃圾，被分类清运了吗？

"我们每层楼都提供了垃圾桶，然而分类回收桶就不是很多地方有提供。相对扔垃圾而言，扔回收物就会麻烦很多。平时我都会在家里用袋子装满一袋才拿下去。或者上班经过的时候拿过去。"——刘女士（40多岁）

"我看到清洁工人会把垃圾与回收物混装在一起运走。那为什么还要我们对垃圾进行分类？不是多此一举吗？白白浪费了我们的心血和时间。"——黄先生（30多岁）

"我每天都好忙……必须收集完所有垃圾才能下班。如果处理不完会受惩罚的。"——清洁工人

对于拾荒者和私人回收商来说，他们之所以积极收集回收物，并不是因为他们对环境问题或社会责任的觉悟有多高，而是因为他们与可回收物有着密切的联系。他们靠在街上捡拾可回收物来维持生活，因此他们懂得如何回收利用它。

"路口有几家废品回收店，有些清洁工人和拾荒者会收集废纸拿去卖。我平时如果有废纸都会留给她们的。赚钱不容易啊，她们都是为了帮补家计。"——何女士（30多岁）

5.1.2　社区人际关系的疏远

正如第2.2节中所讨论的，受物理环境和社会环境影响，当今社会邻里间的关系变得越来越疏远。随着我国城市人口不断激增，城市居住密度越来越大，高层居住建筑因对土地利用率高，逐渐成为我国中大城市人口的主要居住形态。社会生活条件的变

图5-3　邻里关系被一栋栋高楼、一道道坚固的防盗门阻隔开来

化让许多人从以前的平房搬进了现代化的高楼大厦。高楼越建越多，让城市成了一片
钢筋丛林，邻里关系也被一栋栋高楼、一道道坚固的防盗门阻隔开来（图5-3）。高层
住宅邻里间关系冷漠的情况成了普遍现象。上班族的日常生活被社会日程所操纵，每
天在公司和家庭之间来回穿梭，遵循社会习俗制定的时间表。他们虽然在社区里共用
走廊、电梯和其他公共设施，但却很少与身边的人交谈。即便住在同一个街区或者大
楼，也很少有机会见面和交流。有些居民在小区居住了多年，对同一楼层的邻居都认
不全。住在楼层里的邻里之间反而多了一些防备与冷漠。他们的行为方式似乎与周围
环境毫无干系。由于归属感和社区意识薄弱，人们并不热衷于监督对方。

"有些年纪大的，常见面觉得脸熟，大家点头一笑就过去了，但在大街上碰到也不一定会记得。年轻人更是匆匆忙忙，根本没有机会说话。"——陈女士（40多岁）

研究员在调查中发现，在那些中高端住宅区里，年龄层以中青年至中年人为主。社区越是高端，人与社区邻里的关系越是疏离。大多数受访者表示邻里间基本没有太多的交流互动，居民之间关系淡薄，一回家就关上门过自己的小日子。居民也没有太多社区的概念，对社区事务表现得更加漠不关心，也不愿意干预别人的事情，邻里关系如同"钢筋水泥"般冷冰冰，了无生气。

"我不太清楚邻居究竟住了什么人，这些是别人的隐私吧，我们一般不会过问的。而且我早出晚归，也不知道邻居们有没有进行垃圾分类。"——林先生（30多岁）

"自己能做多少算多少吧，先做好自己的事情再说吧，别人的事情我也管不了。"——周先生（50多岁）

"如果左邻右舍都不参与垃圾分类，只有我一个人在分类的话，还挺影响我们本身的积极性。"——李女士（30多岁）

反而在那种老旧小区中，还能找到一些邻里温情。老旧小区里中老年人比例较高，街坊们习惯了旧时那种邻里相处方式，经常可以看到街坊们会在小区楼下或者公园里聊天，尤其是老年人。居民来来往往，人们有事没事都喜欢到楼下坐坐、聊聊，家里的趣事、社区的问题都是热点话题。

尽管不少人对邻里关系感到麻木和消极，还是有一部分受访者表示他们对邻居还是挺满意的，而且邻里关系也比较好。在一些老旧小区，社区中心或者志愿者经常会牵头组织一些社区活动，开展居民、家长及未成年人活动，或者新建各种主题场所和活动，如二手物交换活动，一方面可以促进邻里间的沟通交流，另一方面也可以宣传环保理念。

"我们现在坐的地方原来乱草丛生，如今被社区改成休息场地，大家可以坐着聊聊天，而且社区还经常举行二手物交换活动，大家就可以把家里闲置的东西拿出来交换，我觉得这样挺好的，而且还可以教育下一代。"——黄先生（40多岁）

"我的邻居很好，他们知道我会收集废纸拿去卖，因此特别把不要的废纸留给我。"——陈女士（60多岁）

5.2　重构"人—垃圾—社区"的关系

图5-4显示了如何重构"人—垃圾—社区"之间的关系。我们对不同方式手段进行分类，并确定了影响人的行为的两种主要途径——"干预"和"协作"。通过干预可

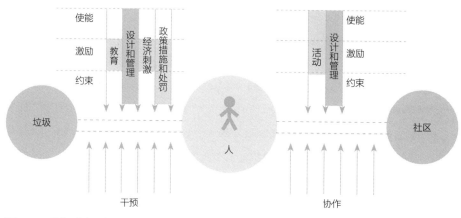

图5-4　重构"人—垃圾—社区"之间的关系

以重新建立人与垃圾之间的关系；通过协作可以重新建立人与社区之间的关系。如果前者对于人们来说是一种被动行为的话，那么后者就是主动的、积极的。

5.2.1　重构"人—垃圾"的关系

　　"干预"（人与垃圾的关系）的方式包括宣传、教育、设计、管理、政策法规、激励和惩罚等。在第4.3节中提到，洛克顿把所有影响用户行为的方法归结为三类——使做某件事更容易（使能）、使人们想做或不想做某件事（激励）、使人们难以或不可能做某件事（约束）。根据洛克顿的理论框架，我们可以借助不同程度的干预级别对影响行为的方式进行分类。经济激励和教育（包括信息）属于激励的干预方式；设计和管理适用于不同程度的干预（包括使能、激励和约束）；政策法规和处罚属于激励或约束层级。在许多现代城市，通常都是几种方法叠加起来一起使用。例如，台北自1996年起推行"垃圾不落地"政策，并且几乎清除了所有垃圾桶，以防止人们随意处理垃圾。原先固定放置在小区门口的垃圾桶全部被取消，改由垃圾车定时定点上门收。垃圾只能留在家里，等垃圾车到了才能丢。街头没有垃圾桶，居民上街一般都自带垃圾袋，将垃圾带回家里，或者在垃圾分类点方可投放。如果有人随手把一袋垃圾丢弃在路边，很有可能会被环保部门的稽查大队查到。他们会认真翻检垃圾构成，然后循着线索找到当事人进行重罚，不使用政府指定的垃圾资源袋丢垃圾也会被罚款。罚款从1200元至6000元新台币不等。除了稽查大队，普通民众也会积极举报，拍照或摄录检举任意弃置垃圾或不用专用垃圾袋者，证据确凿，可获得实收罚款50%的奖金。最高情形每件3000元新台币。就台北的情况来说，设计、管理、政策规定都具有较强的限制性和约束性。所有直接重构"人—垃圾"关系的尝试都可以被描述为被动的方法，从"我督促你"（使能方法），再到"我要求你"（激励方法），再到"我命令你"（约束方法）。

由于这些方法在本质上来说都是被动的，因此人们可能会表现出不同的态度和行为：抵触/不情愿（消极）、接受（中性）和主动（积极）。

5.2.2　重构"人—社区"的关系

要重构"人—社区"的关系，可以采用协作的方式。活动、设计和管理都可以是协作的一种表现形式。而活动具有能动和激励的属性，也是非营利组织和当地社区基本在使用的一种方式。总的来说，活动方式采用得比较多，而与不同利益相关者协作的设计和管理却讨论得比较少。而事实上，只有当人们与社区密切相连时，他们才会关心自己的周围环境，并热衷于参与社区的分类回收活动。重构"人—社区"关系的尝试可以描述为主动或"从被动到主动"策略——从"我帮你做"和"你需要我做"到"我们一起做"，目的是通过与不同的利益相关者建立协作关系，加强社区交流互动，培养可持续的行为。

干预可以引导人们的行为，同样，也可能会阻碍人们，限制人们的行为。人们对社区邻里的满意度与回收行为密切相关。斯特格和瓦莱克（2009）指出，生活环境质量直接影响了居民对社区的满意度，高质量的环境设施可以促进可持续行为。相反，低质量和低效率的回收方法和设施可能会引起用户的反感。由决策层自上而下的设计往往与公众的认知和需求存在很大的差异。决策者和城市规划者都应尽量改善社区的公共空间、公共设施和公共服务，以满足居民的需求。改善空间环境是促进社会互动和培养可持续行为的前提条件。此外，还可以开展社区活动，如二手物交换活动、回收计划或竞赛，以激活社区空间。公众参与社区活动可以培养人们的社区责任感和认同感，形成积极主动性的可持续社区。设计者和规划者需要从用户的角度去理解用户的行为和需求。以在政策、经济、管理等区域资源约束条件下能最大限度地优化设计，提出适合于居民日常行为和认知的设计"干预—协作"方法。

5.3　本章小结

垃圾分类背后涉及商业设计中一个非常重要的问题：设计产品时的视角问题。在设计产品时，我们习惯于站在自己视角来解决问题，而不是真正站在用户的角度来解决问题。很多国家和地区在实行垃圾分类的时候经常会采用多种方式手段，然而，不管采用何种组合方式，都需要根据当地的实际情况因地制宜。垃圾分类往往是"一国一策"，甚至"一城一策"、"一区一策"，居民行为模式、生活习惯以及语境（包括地缘、文化、生活方式及居住环境）等因素都会直接影响到"人—垃圾—社区"的关系。一项政策的落地效果与其合理性正相关，忽略对用户和环境因素进行考虑的公共设施和服务反而会产生制度空转的成本。要重构"人—垃圾—社区"的关系，引导人们的可持续行为，构建可持续社区，不仅需要良好的激励约束机制，还需要明确清晰和行之有效的垃圾分类体系。高质量、高效率的公共设施可以引导、约束和规范人们的行为，提高分类效率和精确度，降低社会的运营成本。而让不同的利益相关者参与设计有助于最大限度平衡各方利益，提供有效的解决途径。

（1）在现今社会中，"人—垃圾—社区"的关系主要表现为人与垃圾之间的疏离以及社区人际关系的疏远，人们的归属感不强，社区责任感和社区意识薄弱，邻里之间较为冷漠，缺少交流、互助和互相监督，人们也对垃圾的处置感到陌生和麻木。

（2）重新建立"人—垃圾—社区"之间的关系可以影响人们的可持续行为。主要途径有两种："干预"和"协作"。通过干预可以重新建立人与垃圾之间的关系；通过协作可以重新建立人与社区之间的关系。前者是被动行为，后者是主动行为。

（3）一般而言，目前的大多数策略措施可以被归类为不同程度的干预（即：使能、激励和约束），包括信息、教育、经济激励、设计、管理、法规和惩罚，目的是通过直接的方式改变人们的不良行为。由于这些方法在本质上来说都是被动的，因此人们可能会表现出不同的态度和行为：抵触或不情愿（消极）、接受（中性）和主动（积极）。

（4）要重构"人—社区"的关系，"参与协作"是一种比较温和的策略——通过间接的方式改变环境（包括物理环境、社会文化环境等）从而改变人们的不良行为。目前大多数的协作活动都是由非营利组织和当地社区牵头组织的，而不是居民自发性开展的。目的是通过与不同的利益相关者建立协作关系，加强社区交流互动，培养可持续的行为。

（5）大多数高层住宅的居住环境被认为是一个低参与度的大型物理空间，限制了公众参与社区活动和交流。因此，在社区积极开展活动，让居民积极参与社区的设计和管理可以促进人们的协作交流。通过改善空间环境，促进社会互动和培养可持续行为。让不同的利益相关者参与设计有助于最大限度平衡各方利益，提供有效的解决途径。长期积极有效的管理对于鼓励公众参与回收过程至关重要。

第6章

无废城市

6.1　何谓"无废城市"

　　"无废城市"是近年来出现的一个新概念。无废城市并不是指没有废物的城市，也并非要杜绝垃圾的产生，而是从城市管理的角度，以创新、协调、绿色、开放、共享的新发展理念为引领，通过推动形成绿色发展方式和生活方式，持续推进固体废物源头减量和资源化利用，最大限度减少填埋量，将固体废物环境影响降至最低的城市发展模式。"无废城市"属于新型的城市发展理念，目前还处于探索阶段。

6.2　不同城市的实践

6.2.1　欧洲城市实践

　　德国有较为完善的垃圾管理法律体系，早于1904年，德国便开始实施垃圾分类。1972年，德国颁布了《废弃物管理法》，通过法律推动垃圾从无序堆放走向集中处理。在德国，生活垃圾分为有机物类、包装袋类、纸类、玻璃等特殊垃圾类、其他生活垃圾等五种类别，自主分类投放。政府会免费提供垃圾分类桶，居民可根据实际需要选择不同容量的垃圾桶，容量越大，收取的垃圾处理费用也越高。不少城市采取"按量收费和按类收费"，居民把垃圾分门别类后放置进相应的垃圾桶并由垃圾回收车上门收取。对于错误分类的垃圾，垃圾清运车辆可以按照剩余混合垃圾收取处理费或者拒绝收运。德国政府还制定了一套严格的处罚规定，强制居民分类投放。此外，德国还推行回收押金制度，提前征收瓶子押金，并在超市等多个地方提供塑料瓶回收机器，方便居民拿回押金，减少资源浪费。

　　曾经的瑞典也是垃圾遍地、污水横流。为了制止乱扔垃圾的行为，瑞典政府曾尝试在垃圾收集点设立监督员，实地引导、逐个检查，并对乱扔垃圾者予以重罚。但这项措施遭到民众的极力反对，人们表示不愿意自己的生活垃圾被当众围观，因此政府只能作罢。瑞典政府意识到，教育还是要从娃娃抓起，于是将垃圾分类纳入国民教育大纲，孩子从幼儿园就开始学习垃圾分类知识。经过一代人的努力，垃圾分类已经成为瑞典公民的传统习惯。此外，为了回收厨余垃圾，瑞典很多超市旁边还提供了免费的厨余垃圾纸袋，纸袋上面有密闭封条，可以避免气味散出。瑞典是欧盟中垃圾焚烧比例最高的国家之一，焚烧产生大量热能，通过连接着四面八方的供暖管道为城市供暖。与德国一样，对于广泛使用的饮料瓶和矿泉水瓶，瑞典也推行押金制度。

瑞典、芬兰等国家还建设了堪比地铁网络的垃圾地下通道，在很多小区旁边设立垃圾中央收集站，从中延伸出来的各个管道，连接着社区不同种类的垃圾桶。采用真空垃圾收集技术，各种垃圾通过地下管道网络被统一输送到城市边缘的收集中心，然后再运输到垃圾焚烧厂、填埋场和回收中心作进一步处理。与传统垃圾收集方式相比，垃圾自动收集系统更加环保，而且效率更高。居民刷卡支付后，便能打开地面的垃圾箱门，将垃圾投入其中。桶内有自动感应装置，一旦装满，阀门自动开启，在强劲风力的推动下，垃圾以时速80公里的速度奔向中央收集站。这种方式大大缩短了收集垃圾的时间，传统方式需要用150个小时，垃圾自动收集系统仅需要1.4个小时。

6.2.2 亚洲实践

近几十年来，亚洲一些人口密集地区，如日本、韩国、新加坡等国以及中国台湾、中国香港等地区，已经部署了不同的战略，使用不同类型的设施来分离生活垃圾（图6-1）。与亚洲其他地区相比，中国香港是唯一一个以填埋为主要方式进行废物处理的城市。

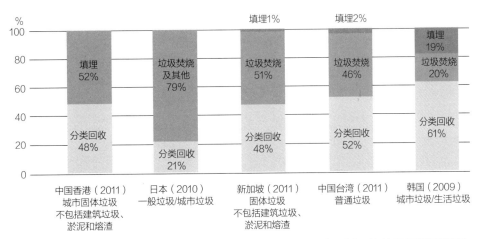

图6-1 亚洲地区的废物管理比较（资料来源：《2013—2022年香港可持续利用资源蓝图》，2013）

1. 日本的实践

日本的垃圾分类处理经历了末端处理、源头治理、资源回收利用三个阶段。从20世纪50年代开始，日本就开始实行自上而下的垃圾管理政策，采用填埋和焚烧的方式处理垃圾，而公众还没参与到垃圾分类管理中。到了20世纪80年代，日本处于"泡沫经济"时期，垃圾问题也日趋严重，政府开始实行垃圾分类回收，并建立了完善的垃圾分类处理机制，由末端处理转向源头治理，要求民众积极参与垃圾分类。日本的垃圾分类极为细致，生活垃圾分为可燃物、不可燃物、资源类、粗大类四种类别。每个类别又细分为若干个子项。日本各地区垃圾类别至少有十多类，有些地方还分成四十多类。由于种类繁多，地方政府还会给每个家庭发放垃圾分类手册，上面明确记载了分类方法和丢弃时间。不同种类的垃圾必须严格按要求分门别类，按规定时间投放，环卫部门逐户收取。如果错过了投放时间，就只能等到下一次允许投放该类别垃圾的日期才能投放，同样，如果放错类别，环卫工人会直接拒收。

2. 中国台湾地区的实践

为了改变不良行为习惯，一些地方政府采取了各种关于废物处理的干预措施。在尽量减少使用垃圾箱的同时增加分类回收设施的可用性，这是鼓励环保行为的一个重要方法。以中国台湾的垃圾收集作为一个典型案例，其管理方式高度制度化，具备严格的社会时间结构。在最初的几十年间，垃圾问题成为一个严重的社会问题。人们随时将垃圾扔进街道上的垃圾箱（即垃圾收集点）内，没有任何分类，垃圾甚至在被填满的垃圾箱上胡乱地堆积起来，等待垃圾回收人员到晚上来收集。自1997年以来，政府的"垃圾不落地"政策取消了街道上几乎所有的垃圾箱。市民只有在指定的时间和地点，才可将废物投入垃圾车。晚上，人们排着队等待垃圾回收车和厨房垃圾回收车的到来。路上时常能看到迟到的人们追赶着垃圾回收车，因为错过垃圾回收车的人必须把他们的垃圾带回家，等待第二天再投到回收车里。该政策还为回收时间不方便的用户提供了另一种选择，市民可以在指定时间约定专人将其垃圾取走进行处理。随着实行以计量为基础的收费制度，废物处置率的结果令人满意；废物量从1997年的人均每天1.14千克下降到2011年的人均每天0.45千克左右。垃圾回收车经过的街道可以作为社区空间，为居民提供聚集和相互监督的机会。减少垃圾处理的便利性是在废物管理方面处理环境问题的一种有效方法，但将集体时间节奏强加于个人时间表，使例行社会实践合法化，可能会导致居民的挫败感和厌烦情绪。这种做法对一些居民来说是非常不方便的，因为他们有时会很晚才到家，从而错过垃圾回收时间。

3. 中国香港地区的实践

香港多年来一直积极推动对生活垃圾的"减量化、再利用、再循环",地方政府在包括政策和立法、基础设施和社会动员在内的综合系统中部署了多种预防和减少浪费的策略。由于所有焚化炉于1998年前已被淘汰,现有的处理大批量废物的方法主要有两种,即垃圾填埋和分类回收。香港每年产生约600万吨的固体废物,其中逾半会弃置于三个策略性堆填区。然而,由于固体废弃物持续增加,三个堆填区很快就会逐一溢满。为了解决垃圾问题,地方政府提出了可持续资源利用蓝图,但在实施这些策略的时候却遇到不少现实问题。例如,具有先进焚烧和废物能源技术的综合废物管理设施(IWMF)的预测日处理能力只有3000吨。然而,要完成选址、环境评价、公告、司法程序和最终建立这类设施的整个过程需要近20年的时间。在垃圾分类回收方面,早在1998年政府便开始实施垃圾分类计划,除了宣传和教育,在住宅区设置分类回收桶(俗称"三色桶"),进行小范围试验,用于分离及收集废纸、塑料及金属。2005年开始在全港推行"家居源头分类计划",截至2010年底,该计划已在1637个住宅区(私人住宅、公屋及政府宿舍)推行,涵盖香港80%的人口。环保署2010年的数据表明,香港的生活垃圾回收率从2004年的14%提高到2010年的40%左右。然而,香港并没有实施生活垃圾的强制分类,在居民区回收物收集方面也没有统一安排上门收取时间,因此,生活垃圾分类的后端处理也主要是依赖清洁工人、拾荒者和私人回收机构。

4. 新加坡的实践

与中国香港一样,新加坡的生活垃圾回收也是以自愿为原则。新加坡有两种垃圾回收方式:(1)直接向单个住户收集垃圾;(2)间接从散装垃圾集装箱回收垃圾,这些散装垃圾集装箱中储存着从高层建筑的垃圾管道扔出来的垃圾。由于81%的人口居住在政府补贴的公寓中,这些公寓所在的建筑内建有垃圾槽,因此间接回收非常普遍。居民们通过垃圾槽的室内入口或每层楼的室外入口来处理他们的垃圾。由于废物处理方便且缺乏经济刺激措施,政府补贴的公寓内公众参与回收的参与度较低。加龙古尼[①](Kayung Guni)挨家挨户地购买可回收物品,然后以更高的价格出售给回收公司。他们在家庭和回收公司之间发挥着中介作用。然而,由于收集时间不规则和可回收物品种类有限,没有多少居民出售可回收物品。在一些现代住宅小区,有两个垃圾管道,一个用于不可回收废物收集,另一个用于可回收废物收集,包括纸张、易拉罐、玻璃和塑料。回收利用和垃圾处理一样简单方便,因此一些居民愿意参加。这些回收

---

① 加龙古尼,新加坡语言,指收旧货的人,原指马来文中的麻袋包,因为从前收旧货的人会背着麻袋穿街走巷,一路叫喊"Kayung Guni",现在他们虽然已经改用小型货车收旧电器旧衣服旧报纸,人们还是习惯用"加龙古尼"一词来称呼他们。

设施可提高回收率，但是应在施工初期加以考虑。新加坡的经验表明，为收集可回收物品安装分类回收物的滑槽不仅提高了回收的参与率，而且使清洁人员能够节省时间和精力。然而，这个系统需要长期的维护和用户自律，而且还要确保可分类回收的物品不与易腐烂的物品混合；如果出现任何潜在的健康风险，必须关闭设施。因此，有必要通过长期教育、明确指示和公共信息帮助人们正确使用设施。

5. 韩国的实践

在韩国的一些地区，分类回收方式与日本类似。在指定日期收集不同类型的材料，错误的分类方式或非法的处理方式将被拒收，甚至可能导致处罚。例如，星期一收集废品，星期二收集纸张，星期三收集塑料等。居民必须在家中储存不同种类的材料，包括厨余垃圾，然后根据垃圾收集的时间表进行处理。在一些居民区，提供烘干机和处理机就地处理厨余垃圾；此外，厨余垃圾收集机还可以自动称重厨余垃圾，并在人们将厨余垃圾放入垃圾中时收取处理费。地方当局可通过采取强制性措施，如限制回收时间和"按量收费"定价等，降低任意处置垃圾的便利性。由于垃圾收集的便利程度和可回收分类收集的便利程度大致相同，人们通常在处理前将材料分开。

6.3 本章小结

为了鼓励公众参与垃圾减量和分类回收，政府和研究人员在政策和管理问题上做出了巨大的努力，但目前涉及文化因素、用户行为和社区参与的公共设计的研究还是比较欠缺。经济刺激和处罚无疑是各国家和地区解决垃圾问题的常用手段，然而，在一些城市，不仅回收率和垃圾处置的比率没有显著变化，而且还发生非法处置垃圾的问题。

很多国家和地区在实行垃圾分类的时候经常会采用多种方式手段，然而，不管采用何种组合方式，都需要根据当地的实际情况因地制宜。垃圾分类往往是"一国一策"，甚至"一城一策"、"一区一策"，居民行为模式、生活习惯以及语境（包括地缘、文化、生活方式及居住环境）等因素都会直接影响到人们的分类回收行为。如果在管理、战略和设计上缺乏对当地文化和物理环境的考虑，可能会引起人们的烦恼、沮丧和反感。本章通过比较不同城市的回收实践和设施相关的政策及设计，尤其是生活情况和背景相似的亚洲地区，为高密度城市的可持续设计提供了参考依据。

第 7 章

行动研究

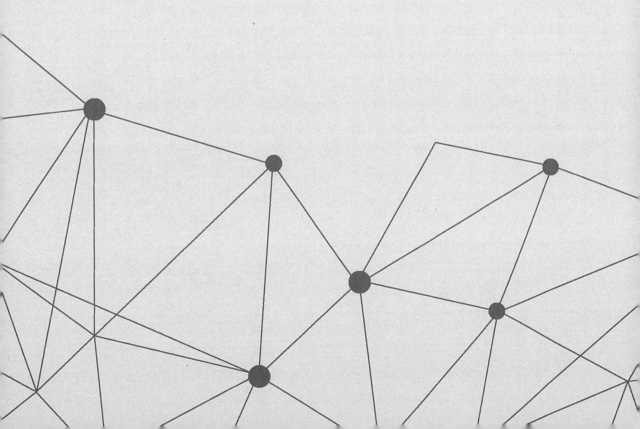

本研究与香港明爱社区中心合作，进行了参与式行动研究（participatory action research），研究方法包括问卷调查、访谈、非参与者观察、协作式工作坊和现场迭代原型测试等。我们邀请了各方利益相关者针对分类回收的公共设计发表意见，其中包括当地居民、私人回收商、拾荒者、物业管理人员及清洁工人等。本章还讨论了行动研究在改善家庭分类回收设计过程中的经验。

7.1 初步考虑

7.1.1 反思

改善建筑环境和回收设施的设计可以提高人们参与分类回收的意愿。目前大多数分类回收设计主要侧重于决策者、设计师和其他专家的观点，而不是使用者本身。事实上，人们对设计有自己的看法和建议，人们的接受程度和反应决定了设计干预的效果。个案研究结果显示，人们对设计有不同的反应，采取的行动也有所不同。为了便于理解人们受到外界干预而呈现不同的行为特征，我们对人们的行为模式进行一个基本的分类。

如图7-1所示，人们的行为是在特定的环境中形成的。分类回收的设计和管理会导致不同类型的行为变化。就使用者而言，不仅应考虑居民，还应考虑清洁工、物业管理人员、拾荒者和个体回收商，因为他们的行为可能影响设计的有效性。为了更直观地了解和对比行为的变化，我们把行为的变化形式分成四种类型，并用四个简单的图形来表示：直线型、依赖型、环型和静态型。

1. 直线型（linear）

对于这一群体的个人，通过基本设计和管理，可以很容易地将他们的不良行为转

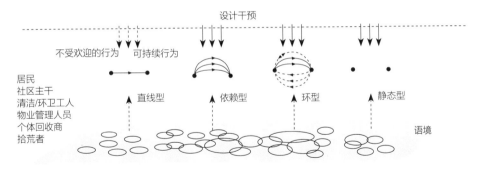

图7-1 受设计干预影响的行为模式

变为可持续行为。有些人由于其教养和个人因素会较早地参与源头减废和分类回收活动。例如，那些有强烈的社会责任感和环保意识的人，即使没有任何设计干预，他们的行为也可能是可持续的。此外，那些依靠分类回收来谋生的人，例如拾荒者和回收商，他们也是很主动地进行垃圾回收，即使他们不是出于环保问题的考虑。一般来说，这种类型的人在整个分类回收过程中都表现得很积极。这是典型的自发（主动）性行为，无论有没有外界的干预。

2. 依赖型（dependent）

通过外部的干预，这一群体中的个人可以将他们的不良行为转变为可持续行为。但是，这一过程可能在很大程度上依赖于外部设计和管理。在这个群体中，一些人的行为很容易改变，而一些人的行为却不太容易改变。然而，即使人们持有不同的态度，他们的行为最终也会转向可持续性。例如，当居民的行为受到他人监督时，他们可能不得不参与分类回收。改善分类回收设施和建成环境的质量可以促进居民行为的改变。通过某些设计干预，这个群体有可能形成长期的可持续行为。

3. 环型（circular）

依赖型和环型本质上都是动态的。人们的不良行为有可能转变为可持续行为。然而，在某些情况下，人们采取可持续行为的意愿可能会下降。人们一开始可能表现出热情，表现出积极或中立的态度，但后来会表现出不情愿和消极的反应。这种模式是有流动性的，如果不能确保长期的可持续行为，那么它便有可能形成一个"回路"，并最终回到原点。例如，试图以不恰当的方式改变人们的行为则很容易导致这种回路的发生。当人们感到失望、不舒服或不愉悦时，他们的接受度和意愿就会降低。对于这种类型的群体，我们需要密切关注环境和行为态度的动态变化。为了深入了解用户情况并提供合适的设计干预，我们必须要让这个群体的人充分能够表达他们对设计和管理的看法和建议。

4. 静态型（static）

不同于其他三种类型的行为变化，这一组是静态的、稳定的。例如，一些成年人和老年人几十年来一直以自己的方式生活，形成了自己的固有习惯。这种群体类型的人比较固执，一般不会对可持续活动产生太大的兴趣，也不愿意轻易改变固有习惯。显然，仅仅依靠设计和管理难以改变他们的习惯，他们会直接忽略设计干预或以不受欢迎的方式做出响应。设计师必须注意的是，对于这种群体采取不合理和不恰当的干预可能会产生不同程度的社会问题。

7.1.2　计划

要探讨如何优化和改良设计，其中一种比较有效的方式就是让不同的利益相关者参与设计过程。常见方法是鼓励人们通过协作式工作坊发表意见。

在招募人员参加工作坊之前，有必要选择适当的地点进行行动研究。在选择场地时需要考虑可靠性和可行性。目前主要有两种不同的住房类型：公共房屋和私人屋苑。如果能在这两类住房地点进行观察和采访当然是最好的，然而，由于管理和安保问题，在私人屋苑开展行动研究是非常困难的。研究人员尝试过多种途径与私人屋苑进行协商，最后也因为各种原因而不能开展或中止行动研究。比如说出于安全考虑业主委员会会拒绝或者反对，因为他们会有各种担忧。因此，在本研究中，由于现实的局限性，我们还是选择了在公共房屋开展行动研究。

另外，由于住宅是一个比较私人的空间，居民会对外来人员持有一种防备和警惕的心理，研究人员如果直接进入其中进行研究会显得十分的冒昧，而且难以搜集到有效的信息。在这种情况下就需要寻求当地社区中心的帮助。社区中心在社区治理中具有十分重要的角色定位。社区中心长期融入社区，以合作化和公益性的方式为居民提供服务，与居民建立了一种信任感，是联系居民的纽带和桥梁。同时，有一群长者长期活跃在社区中心，良好的群众基础是保证行动研究顺利进行的前提。

社区中心的加入为入户研究提供了可能，也大大提升了居民的参与度和主动性。在社区中心的帮助下，我们选择了几个典型屋邨作为核心研究对象。在行动研究中，我们并没有选择在实验室里面进行虚拟测试，而是把试验放在社区这个真实环境中进行。另外，在招募参与者时，研究人员也尽量确保人口结构在年龄、性别、教育程度和职位等方面具有差异性（见第7.4节），并在工作坊前完成一份调查问卷。为了使参与者能够在工作坊上充分提出建议，我们将他们随机分为五组，并分别举办五场工作坊。

7.2　协作式工作坊

7.2.1　行动

　　每场工作坊由两个部分组成，大约需要60分钟。为了确保可靠性，研究人员在一开始就介绍了本研究的目的，并承诺所收集的数据仅用于研究用途，这是为了鼓励参与者提供真实的答案，而不是提供"正确的"答案。在工作坊开始之前，每一位参与者还需要填写一份知情同意书。

　　在第一部分中，研究人员向每位参与者提供了一张A4纸大小的贴纸，贴纸中包含各种类型的可回收物品，例如铁罐、旧衣服、书籍、塑料瓶、玩具以及电器和电子设备废物。还提供了两张白纸：一张代表目前的分类回收做法，另一张代表将来的情况。要求参与者们选择他们在日常活动中分类回收（或计划分类回收）的物品，并相应地将它们贴在这两张纸上（图7-2）。

图7-2　协作式工作坊

　　在第二部分中，研究人员提供了一系列代表基础设施和分类回收设施的缩小模型（按1∶100的比例制作），包括住房、废品回收站、分类回收箱、社区二手店、拾荒者或个体回收商和分类回收车等。并向每位参与者提供了一套代表不同种类可回收物品的卡片，包括废纸、金属、塑料、玻璃、旧衣服、充电电池、厨余垃圾、电器和荧光灯等。萨诺夫在*Community Participation Methods in Design and Planning*（2000）一书中指出，在设计开发过程中，参与度越高，人们的满意度也会越高。在行动研究过程中，研究人员的角色定位非常关键。在整个过程中，我们研究人员应该是促进者的角色，负责协调研究进程，确保参与者在决策中享有平等机会。本部分包括三个步骤：（1）讨论如何建立社区分类回收网络；（2）合作建设理想的分类回收网络；（3）根据参与者的偏好将卡片放在模型上（图7-3～图7-7）。

　　总之，协作式工作坊的目的是揭示人们对可持续做法的习惯、需要和偏好，协调各方利益者，让参与者在过程中充分表达自己的观点，最大限度地平衡各方利益，探讨有效的解决途径。

图7-3　协作式工作坊

图7-4　协作式工作坊：参与者构建理想的
社区分类回收网络1

图7-5　协作式工作坊：参与者构建理想的社
区分类回收网络2

图7-6　协作式工作坊：参与者讨论如何设置
社区分类回收网络

7.2.2　观察

　　为了使参与者能够表达他们的想法，并解释为什么他们以这种方式构建分类回收网络，研究人员在工作坊的尾声进行了焦点小组（focus group）。

　　一些居民指出目前的分类回收箱使用起来并不是很方便。尽管这些年来分类回收箱的设计发生了不少变化，但分类回收设施的可用性和可达性问题仍然让许多居民感到不满。

图7-7　协作式工作坊：参与者根据自己的偏
好在模型上放置卡片

　　"我们的住宅仅提供少量的分类回收箱。垃圾箱的开口不够大，放不下大的回收物……尤其是纸箱和塑料瓶。此外，盖子也不方便打开，我们必须用手去推开盖子……很多人都不愿意去碰盖子的。"——居民

　　在工作坊期间，研究人员发现，参与者对便利性抱有较高的期望。然而，大多数参与者提到，他们仍然愿意将可分类回收利用物分成几类。从便利方面考虑，他们更关心的是时间和空间，而不是分成多少类。

　　"我注意到你们中的大多数人选择了多种类回收箱，而不仅仅是两种（即可回收物

和一般垃圾）。处理不同类型的可回收物品可能需要花费更多的时间。您为什么不选择更简单的方法呢？例如，只需将可回收的废物与一般垃圾分开，然后将它们放在同一分类回收箱中？"——研究人员

"这样仍需人力进行进一步分类。我们已经习惯了对垃圾进行分类，没有必要减少类别。如果人们已经习惯了，大家仍然愿意将可回收的物品仔细地分开。对于那些在日常生活中不做分类的人，即使只有两类他们也不会进行分类。"——居民

目前社区的分类回收箱主要以颜色进行区分：蓝色代表废纸，黄色代表金属，棕色代表塑料。同时在每个回收箱上贴有小字和图形说明的标签。然而，研究结果显示，虽然三色桶沿用了十多年，但颜色与其所对应的回收物之间没有什么必然的联系，不少居民还是很难凭颜色区分这三种垃圾桶。一些受访者还提到，清洁工有时会将塑料袋放在垃圾桶内，方便其收集可回收物，但这些塑料袋常常会把标签遮挡住，使人们无从辨认。

在分类回收设施的提供和管理方面，不同利益相关者基于各自的立场持有不同的态度。尽管居民们抱怨缺乏分类回收设施，但清洁工和物业管理人员都坚持认为应尽可能少地提供回收设施。通常情况下，除了负责整个社区的卫生清洁，清洁工人每天还要到社区里收集垃圾一次或两次。此外，他们还要花时间收集和处理可回收物，这些都增加了他们不少的工作量。因此，清洁工表示，如果减少分类回收箱，可以让他们更加方便和有效地收集可回收物品。

"一些分类回收箱设在公共区域，例如楼梯角，那里没有电梯。我得拖着装满可回收物品的塑料袋上下楼梯，很累的。此外，如果这些设施脏了，我还得把它们打扫干净。"——清洁工人

私人回收商和拾荒者在分类回收活动中表现得积极，因为他们必须以此谋生。此外，一些居民提到，他们会收集可回收物品然后卖给回收商以补贴家用。与其他小区相比，西环邨的参与者在出售可回收物品方面表现得更为积极，因为附近有一家回收中心。然而，他们只愿意收集某些利润较高的可回收物，如罐头和废纸，因为他们对低利润的材料（如塑料瓶）没有太大兴趣。

"我注意到一些拾荒者会从分类回收箱中掏出可回收物品，如报纸，然后卖给私人回收企业。一些居民把垃圾扔在垃圾桶旁边，因为他们不想碰公共垃圾箱。当没人在附近时就会发生了许多意想不到的事情。你很难阻止人们这么做。如果把这些设施放在大堂之类的公共区域，人们就可以相互监督，也便于我们管理。"——物业管理人员

参与者们还讨论了为收集仍可使用的物品提供公共设施的问题。有参与者建议，社区内应该提供更多公共空间或设施，或者定期举行二手物交换活动，使居民能够分享二手物品。

"我偶尔会把不需要用到的物品拿去给拾荒者和二手物回收中心。这些东西不是垃

圾，它们还可以继续使用。我想其他人可能需要它们。所以我希望我们社区可以提供一些设施可以让我们分享这些二手物品。"——居民

7.2.3 反思

协作式工作坊能够让各方利益相关者在一起讨论各自的想法。表7-1显示了参与者们提出的问题和想法。

（1）大部分参与者比较关心分类回收设施的可达性和公平性问题。一些居民表示社区的分类回收设施使用起来很不方便，比如说整个屋邨只有一两个地方有回收桶，这要求居住在其他大楼的居民搭电梯至平台，然后换乘另外一个电梯才能找到回收设施，这是很不切实际的。

（2）不同的利益相关者根据各自的立场对公共设施持有不同的态度。让各方利益相关者，如居民、清洁工人、管理人员、社区主干等从项目早期便开始参与进来，有助于平衡各方的利益。然而，在实践中，很难真正做到利益均衡。比如说，如果要最大限度地满足居民的要求，则有可能会给管理人员和清洁工人带来繁重的压力，最后导致项目的失败。

（3）一些居民难以快速辨别不同种类的分类回收箱。他们不清楚哪些种类的物品是可回收的，因为现有的图示没有提供明确有效的指示来指导如何收集可回收物品。

（4）一些参与者愿意将可回收物品出售或留给拾荒者和附近的私人回收机构。因此私人回收企业和二手商店的位置便利与否直接影响到非正规回收系统的使用。

（5）出于卫生原因，许多人不愿意触碰分类回收箱。而这个问题在设计和执行过程中往往被忽视，在实际操作中无法确保分类回收设施的清洁和维护。

（6）一些居民，特别是老年人和残疾人，很难提着可回收物品下楼。

虽然参与者提到他们愿意就环境可持续性发表意见，但他们不相信他们的建议会被采纳。近一半的参与者对环境问题持消极态度。参与者认为，即使他们表达了意见和提出了想法，后续也不可能会针对他们的评论采取行动，而且很难与当地政府和物业管理等部门合作进入下一个阶段。然而，参与者仍然希望在实践中考虑他们在这一过程中的个人经验和建议。

在协作式工作坊中，我们鼓励参与者们自由讨论家庭分类回收问题。然而，在一些小组中，研究人员发现并不是每一位参与者都积极主动地发表意见。一些参与者积极参与了全过程，并在工作坊中充当指导者的角色。相反，有些参与者表现得比较被动和犹豫，不太愿意在人群中发表自己的意见。因此，这些小组比其他小组需要更多的时间才能使所有参与者明确表达其意见。

这些小组就分类回收设施的设计和管理提出了一些建议，但样本数较小。此外，

由于人们的态度往往与他们的实际行为不一致，因此有必要进行实地测试以评估结果。在实地测试中，我们将对工作坊中产生的问题和想法进行评估。同时也会招募更多的参与者，包括居民和清洁工人。

参与者提出的问题和想法　　　　　　　　表7-1

利益相关者	行为	问题	想法
S1（居民）	分类	·忘记分离可回收物品； ·清理一些可回收物品需要时间	·提供一些容器或袋子用于在室内进行垃圾分类
	存储	·室内存放空间有限	—
	处置	·分类回收设施的使用不方便； ·设施开口尺寸较小； ·分类回收箱数量有限； ·很难分辨垃圾桶种类； ·分类回收箱很脏，总是堆满了可回收物品； ·没有收集厨余垃圾的设施； ·一些清洁工把可回收物品与垃圾放在一起； ·没有设施可以共享二手材料	·增加分类回收箱的数量； ·加强公共分类回收设施的可获得性和公平性； ·扩大开口尺寸； ·为收集可回收物品提供明确有效的指导； ·确保清洁工保持垃圾箱的清洁，并收集可回收物品； ·将可回收物品交给邻居或收集可回收物品的拾荒者； ·卖给私人回收商； ·提供一些收集厨余垃圾的设施/场所； ·提供一些设施/场所共享二手材料
S2（清洁工）	收集	·没有足够的时间频繁收集可回收物品； ·分类回收箱位置不当，难以运送； ·分类不当	·不要提供太多的分类回收箱； ·不要在电梯无法到达的楼层放置分类回收箱
	存储	·存储空间有限； ·卫生问题	·不要把可回收物品长期存放在垃圾房里
	处置	·没有有效的方式交付可回收物品	—
S3（物业管理员工）	实施	·分类回收箱的安装有许多限制	·在垃圾储藏室或角落安装分类回收箱，以避免妨碍人们行走
	监督	·一些拾荒者从可分类回收的垃圾桶里捡可回收物品； ·当没人看到时，就会发生一些不正当的处置行为	·不要提供太多的分类回收箱； ·在人们容易相互监督的地方提供分类回收箱
S4（回收商）	收集	·一些可回收物品利润较低，例如塑料	·使可回收物品的收集更加便利

7.3 实地测试：第1阶段

7.3.1 计划

要基于用户角度去探讨人们的日常行为、生活习惯及认知，并提出公共设计和服务的优化方式，最好的途径是实地迭代测试。研究表明，借助一些工具如实物模型可以有效测试用户反应和行为。在这一阶段，研究人员在现场提供了1∶1比例的实物原型，以了解人们的真实行为以及发现一些不能预见的可能性。对于第7.2节协作式工作坊中形成的一些建议和想法，我们尝试在实际环境中进行测试和评价。考虑到此前进行的工作坊的参与者人数样本较小，在实地测试的过程中我们需要邀请更多居民、清洁工和拾荒者发表意见。为了让受访者自由表达自己的观点和态度，我们采用了对话式的非结构化访谈。

在考虑公共设施或公共空间设计时，首先需要关注的是安全问题和卫生问题。考虑到参与性行动研究的可行性和时效性，工作坊中产生的所有想法和建议并不能一一测试，有些想法不适合在这项研究中进行测试。例如，由于物业管理方面的问题和后端的处理能力，我们没有在试验屋邨中进行厨余垃圾回收。因此，这次研究还是主要侧重于常规的可回收物，即可以由清洁工人进行收集运输处理的物料。

另外，考虑到室内空间有限，在家中放置不同类型的垃圾分类箱是不太可行的，因此我们向参与者提供了环保袋，提醒并协助他们在家中储存可回收物品。同时我们还给予20户参与的家庭每户一本日记本，用于记录他们在家庭垃圾分类处理过程中的做法、情绪和意见。

7.3.2 行动

如上文所述，西环邨的布局环境比较典型，有60多年历史，是一个比较有代表性的公共屋邨（图7-8）。根据工作坊中居民的反馈意见，居民每天出入的必经之地是放置分类回收设施的首选地点。满足这个基本要求的有四个地点，即电梯前的一个区域、电梯附近的两个区域和走廊附近的一个区域。然而，在实际情况中，应仔细审查更多的问题。在地方当局和物业管理部门实施的分类回收活动中，优先考虑的是防火安全性的法规要求和无障碍设施方面，其次才是便利性和实用性等其他方面。例如，分类回收设施不能放置在盲道上（即触觉引导路径），也不能放置得离盲道太近，以免影响到视力受损者的行动，因为他们习惯了原来的空间布局（图7-9）。此外，电梯前面的那块区域也不适合放置分类回收设施，因为这可能会给残疾人带来不便。因此，有必

图7-8 西环邨内部

图7-9 许多现实因素限制了分类回收
设施的摆放位置

图7-10 在现场提供1∶1的实物模型

要在不降低分类回收活动便利性和实用性的前提下考虑这些重要因素，最大限度地满足不同群体的利益诉求。经与物业管理人员进一步讨论，电梯附近的一个区域是放置实物模型的合适地点。

如图7-10所示，我们在电梯附近一个公共区域安装了一套分类回收设施。根据之前研究中的想法和建议，研究人员重新设计了分类回收箱的三种类型（蓝色代表纸张，黄色代表金属，棕色代表塑料）。之前有参与者表示，不少居民很难直接凭颜色区分其回收的物品，因为现有的图示没有提供明确有效的指导。因此，我们重新设计了标签，并使用了透明材料，方便观察使用情况。

在以前的设计中，盖子很多时候都是锁着的，以防止拾荒者轻易得到里面的可回收物品。环保署指出，密闭的盖子可以用来防止人们随意地将烟头等燃烧物扔进垃圾桶，并防止垃圾点燃时火势蔓延。然而，这种盖子让许多居民在丢弃可回收物品时望而却步。不少受访者表示，人们丢弃垃圾的时候不愿意碰盖子，所以很多时候都是借用回收物把盖子撑开，所以很多时候我们会发现回收物卡在了中间。

我们参考其他高密度城市的一些主流设计，重新设计了这些开口，并扩大了开口尺寸，使人们处理起可回收物品来更方便。事实上，研究人员发现拾荒者总有办法从垃圾桶中取出可回收物品，即使它们已经上了锁。尽管管理人员不太欢迎这些拾荒者，但拾荒者却是最积极参与垃圾分类的群体，而且还非常高效，当地居民也表示十分支持他们的工作。因此，研究人员的做法并不是锁上这些盖子，相反，我们希望这些盖子更容易被打开，方便人们可以更容易地投放体积稍大的回收物品。

根据此前从用户研究中得出的结果，参与者希望有更多的公共空间或设施提供给他们分享二手物品。由于空间的限制，要专门划分出一片区域来存放二手物品也不太实际，因此，我们仅在分类回收箱附近提供了一个小小的橱柜，用于收集仍可使用的二手物品。

在现场放置原型后，我们进行了为期四周的观察和采访（包括工作日和周末）。为了便于比较结果，我们进一步将每天划分为几个时间段（即清晨、高峰时段、下午和晚上）。

7.3.3　观察

在这一阶段，研究人员通过观察和访谈发现了一些潜在的问题和机会点。在实践中，大部分居民在经过时注意到了新安装的分类回收设施。一些居民对此感到好奇，他们会靠近这些设施，仔细地观察其设计，尤其是在等电梯的空闲时间。以前参加过工作坊的参与者在注意到其建议已付诸实施时感到非常兴奋。一位参与者在等待电梯时热情地向邻居介绍了该分类回收设施（图7-11）。

"我感到挺惊讶的！我以为在工作坊之后不会有后续行动呢……这些标识挺清晰的。我非常支持这个活动！很有意义！"——黎先生（40多岁）

在第1阶段采访的64名受访者中，65.6%的受访者对设计的可用性持积极态度。弹性灵活的分类回收方式可以让人们更加积极地参与垃圾分类。不少用户会根据自己的想法尝试使用此设计。

图7-11　一位参与者在等电梯时向邻居介绍了该分类回收活动

与我们所预期的一样，箱子里面经常会有一些体积较大的物品，也就是说，用户不再是只将大点的回收物放在回收桶旁边或者盖子上，他们会有意识地打开盖子。

"这种设计使区分可回收物品的类别变得非常容易。但有时我觉得开口不够大，尤其是金属容器……你知道，很多饼干罐头都很大。所以我在丢弃大型可回收物品时直接打开它。顺便问一下，我能打开它吗？应该能打开吧？"——黄女士（30多岁）

在可达性方面，有59.4%的受访者认为对他们来说并不是很方便，尤其是那些住在另一栋楼里的居民。一些居民抱怨说，他们的大楼没有分类回收设施。因为回收比较麻烦，路途有点遥远，所以大多数居住在其他建筑物的居民不愿意参与分类回收。

"我强烈建议你在我们大楼的平台上放置一套分类回收箱。那里没有分类回收设施！我们的邻居如果想分类回收，要穿过长长的走廊，再转乘另一部电梯……非常麻烦"——林先生（60多岁）

由于家里空间比较小，居民一般都会将各种可回收物品放在一个塑料袋中，然后在分类回收箱前将其一一分开（图7-12）。因此，必须确保这些回收设施的卫生干净，定期清洁，方便用户使用。

图7-12　居民一般都会将各种可回收物品放在一个塑料袋中，然后在分类回收箱前将其一一分开

一些居民把用过的纸巾和果皮之类的垃圾扔进回收箱或放在回收箱附近（图7-13）。其实在回收设施旁摆放着一个大的公用垃圾桶，不过清洁工人会经常把盖子盖上。由于卫生问题，许多居民不愿意打开盖子。如果采取了不恰当的方式，例如降低丢弃垃圾的便利性，就很有可能会导致一些不良行为的出现。换句话说，试图以不恰当的方式干预用户甚至可能导致逆反情绪，造成厌烦情绪和挫败感。

许多居民会把纸箱等可回收物品放在自己所在楼层的垃圾桶旁边（图7-14）。他们认为这样可以方便清洁工人或者拾荒者收集回收物拿去卖钱。事实上，这些可回收物品通常在很短时间内就会被收走了。

在与居民和清洁工人的访谈中，我们发现他们在社区垃圾分类回收问题上存在不少分歧。例如，居民会把文具和报纸之类的可再用的物品放在二手物柜子里。然而，清洁工人在收运垃圾的时候会把这些东西视为垃圾一并清理掉（图7-15）。清洁工表

图7-13　居民把用过的纸巾和果皮之类的垃圾扔进回收箱或放在回收箱附近

图7-14　许多居民会把纸箱等可回收物品放在自己所在楼层的垃圾桶旁边

示，如果他们在上班的时候不把他们负责区域的垃圾清理干净，就会受到处罚。因此，那些没来得及被其他居民取走的二手物品，清理工人会全部处理掉。与收集废纸和金属的回收箱相比，塑料的回收箱通常是满的。其中一个原因是塑料瓶的体积比较大，比较占空间，另外一个重要原因是塑料的回收经济效益不高，分拣工作也特别烦琐，无论是拾荒者还是清洁工都不太愿意收集这些塑料。表7-2比较了在第1阶段中居民和清洁工人产生的一些主要分歧。

图7-15 所有的共享物品都被清洁工人视为垃圾一并清理掉。一位清洁工说，如果她不及时清理垃圾就会受到处罚

在第1阶段对居民和清洁工进行的采访　　　　　　　　　　表7-2

第1周

居民1：我问清洁工回收箱已经满了，为什么她还不及时来收集可回收物品，她告诉我说，没有人让她收集。我很生气！难道她认为应该是居民的责任来处理这些可回收物品？所以我去了物业管理办公室投诉这个问题。

清洁工1：我不知道……我们的经理没有让我从这些新设施中收集垃圾。我只做我该做的。

第2周

居民2：我曾经把一些用过的文具放在柜子上，因为我想其他人可能需要它。有些人不知道是共享物品也不敢随便拿。我觉得如果有人监督效果会更加好。

清洁工1：你是说橱柜上的东西？我以为那是垃圾！如果每天不及时清理，我就会受到处罚，所以我把它们扔了。

第3周

居民3：清洁工很差劲！我看到一些清洁工把所有可分类回收的垃圾和其他垃圾放在一个大垃圾袋里！那为什么我们还要花很多时间来清洗和分离可分类回收的东西？真让我失望！

清洁工2：所有这些都是垃圾，我得把它们清理出去。当一些居民发现我把它们（可分类回收的垃圾和其他垃圾）放在一起时，他们会骂我，但我别无选择。只有几辆卡车来收集可分类回收的东西，也许隔几天，也许每隔几周……我不确定。如果我们在垃圾房里面堆放太多回收物，特别是塑料瓶，会引起许多卫生问题的。它们可能会引来老鼠和蟑螂。

第4周

居民4：在我向物业管理部门投诉可分类回收物品的收集问题后，清洁工开始进行收集。然而，我仍然发现清洁工并没有进行及时的收运。那些分类回收箱总是满的，特别是塑料桶。需要我每天都去投诉吗？

居民5：实际上，清洁工、老年人和拾荒者会经常从分类回收箱中取出可回收物品，然后卖给私人回收商。他们可以卖了赚钱！

清洁工3：是的，有些清洁工和拾荒者收集出售这些物品（即可分类回收的物品），但只有一些有利润的材料，如纸张和金属。塑料瓶非常便宜——每公斤只能卖4毛钱——当然没人愿意卖，而且私人回收商经常缺斤短两。不管怎样，我从来没这么做过。我很忙，这些回收物又卖不了多少钱。所以就别太指望我们来处理所有可分类回收的东西。

在之前协作式工作坊中，有部分参与者表示他们希望有一些箱子、袋子之类的物品帮助他在家里进行垃圾分类。然而，在实地测试中，我们发现人们的实际行为与他们原始的想法不太一致（图7-16）。在20名被给予日记本和环保袋的参与者中，只有4人提到环保袋可以帮助他们在家分离可分类回收物品。经常参与分类回收的受访者表示，其实没有太大必要提供这些袋子或分类箱，因为他们已经有可用于储存可分类回收物品的容器（图7-17）。而对于那些没有分类习惯的人们，就算放置这些东西在家里，也是作为摆设而已，并不会使用。总而言之，这些用于帮助他们进行家庭生活垃圾分类储存的物品并没有对人们的分类行为产生积极有效的影响。

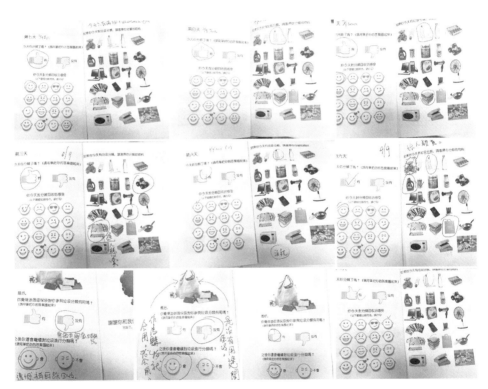

图7-16　参与者日记

图7-17　参与者将可回收物品储存在不同的容器中（资料来源：参与者提供的照片）

7.3.4　反思

在实地测试的第1阶段，我们让各利益相关者充分表达自己的需求和观点，有助于鼓励公众参与分类回收。一些之前从未或很少进行分类回收的受访者提到他们开始参与分类回收。

在此过程中，研究人员同时也采访了环保署的负责人，希望从政府管理的视角去探讨社区分类回收的实际困难，并评估这一阶段的成效。据了解，每个社区的可回收物的后端处理工作是由该物业管理公司各自安排的，也就是说，政府提供回收公司的联系方式，物业管理公司自行与回收公司联系。因此，物业管理公司在实施和管理家庭分类回收方面发挥着重要作用。虽然地方政府提供了一些资料和条例作为参考，但分类回收的程度完全取决于物业管理公司的执行情况。虽然政府部门并不希望拾荒者和清洁工从垃圾桶或者分类回收设施中翻捡出可回收物品，但也没有明令禁止这种行为。因为他们在整个过程中是最主动参与垃圾分类的群体，他们回收了大量的家庭废品，与政府的环卫体系一起，组成一个庞大而高效的"非正规废品回收体系"。此外，他们认为清洁工人和拾荒者出售可分类回收的物品赚到的"下栏钱"可以增加家庭收入，解决了这些家庭的经济问题，所以政府部门也不会特别干预他们的活动。

在接下来的第2阶段，会在第1阶段出现的一些问题上作进一步的讨论，继续评估和修正设计干预措施。需要改进的内容如下：

（1）改进公共设计，减少误操作和不良行为，如错误投放垃圾；

（2）增加设施的可达性和公平性，提供更多的分类回收箱；

（3）移除用于共享二手物的橱柜；

（4）重新考虑四种行为模型中的目标行为组；

（5）关于家庭分类回收的建议应强调适用范围及实际情况；

（6）为了评估行动研究的结果和人们的行为变化，应该让更多的人参与进来。

7.4　实地测试：第2阶段

7.4.1　计划

在实地测试的第2阶段，我们基于之前的行动和反思提出的结果和建议对设计进行了改良，并招募了更多的受访者。在接下来的八个星期内，研究人员在工作日和周末的不同时段进行了观察和非结构化访谈。第7.1节确定的四种类型的行为变化会在本阶段进行评估分析。在这一阶段结束时进行了半结构式访谈，以深入了解居民的态度和行为的变化。受访者需要对以下几个问题做出回答："您对这些分类回收设施满意吗？"、"您以前是否参与过分类回收？"、"您是否曾在此期间使用过这些设施？"、"您是否会继续进行分类回收？"以及"您对分类回收活动有何建议？"该计划同时也是一项关于设计干预和协作是否会影响人们可持续行为的试验。

7.4.2　行动

根据第1阶段的研究结果和评价，研究人员进一步修正了实物模型。由于公共空间的限制，原来放置二手物共享橱柜的位置被用来放置垃圾箱。垃圾箱是用不透明的材料设计的，盖子上有一个小的圆形开口（图7-18），目的为了收集果皮、纸巾之类体积较小的垃圾。在放置该垃圾桶后，我们发现误扔或乱扔垃圾的情况

图7-18　实物模型修正

减少了。居民也不再把垃圾扔进分类回收箱或其他地方。正如预期的那样，垃圾箱里大部分的垃圾都是体积较小的，如果皮和纸巾，人们也不会将那些一袋袋的生活垃圾扔到这个垃圾桶内。居民们仍旧使用传统的大垃圾桶来处理家庭垃圾。

同时，居民建议在另外一栋大楼也要提供一组分类回收设施。然而，研究人员发现，另外一栋大楼早已有两组分类回收设施，但由于摆放的位置比较隐蔽，也不是人们经常经过的地方，因此很少有居民使用它们（图7-19）。此外，清洁工人表示这个

图7-19　另外一栋大楼早已有两组分类回收设施

图7-20　另外一栋大楼提供了一套新的原型

夹层没有电梯可达，她们每次收运垃圾和可分类回收物品都必须走楼梯，这个位置对于他们来说极其不方便。

根据参与者的建议，我们在南苑台——居民每天经过的电梯附近提供了一套新的原型（图7-20）。

在第2阶段，共85名居民、5名清洁工、3名物业管理人员和4名拾荒者陈述了他们的行为变化并发表了意见。

7.4.3　观察

在放置新的回收设施之后的两天，居民的回收结果令人满意。不少居民把可分类回收的东西放进分类回收箱里。然而，到了第三天，由于台风正在接近香港，有几位居民建议应该把这些回收桶移至其他地方。他们担心大暴雨会把回收箱里面的可回收物弄湿，而且恶劣的天气也会把回收箱吹倒。

因此需要再次更改设施放置的位置。研究人员发现有几个候选的区域适合摆放回收设施。在与居民和物业管理人员进一步讨论后，根据他们的建议我们将回收设施搬到了另一个地方（图7-21）。主要有三个考虑因素：（1）确保分类回收设施的便利性；（2）防止可分类回收物品在恶劣天气受潮；（3）确保消防栓不受阻挡。

有一些之前采访时候表示没有分类回收习惯的居民，在这个阶段开始尝试参加垃圾分类。当他们注意到他们的建议已经得到落实时，不少人都表示愿意支持该项活动。那些前期参与过工作坊的居民在这个阶段表现得更为积极，他们继续鼓励其邻居进行分类回收并监督分类回收行为，与越来越多的居民进一步开展合作。几个互助委员会的居民自发性地拍照片和做记录，并经常向研究人员和物业管理部门反馈意见。

在另一个区域增加了回收设施后，可回收物的数量在当天迅速增加。不少居民表示，现在他们处理这些可分类回收的物品变得方便很多。两天后，收集废纸和塑料的

图7-21 根据居民和物业管理人员的建议更改了回收设施的摆放位置

图7-22 更换位置的两天后，回收桶几乎装满了可回收物

回收桶几乎满了（图7-22）。然而，清洁工并没有及时把它们清理走。第四天，居民们将可回收物品直接放在了回收箱的顶部，因为回收箱已经满了（图7-23）。透明的外观不仅使用户容易区分可回收物品的类别，而且也可以直接观察到分类回收的情况。

"上次我问清洁工……她告诉我，她认为她没有责任收集这些可回收物，因为没有人要求他们这么做。我想物业管理处也许能解决这个问题。"——梁女士（40多岁）

一些居民主动向物业管理处投诉了这个问题。第二天，一名居民拍了一张照片，照片上显示所有的回收物已经被清洁工收走了（图7-24）。然而，当地居民注意到一些清洁工仍然将这些可回收物当成垃圾处理。

"坦白地说，我以前从未分类回收过。这是我第一次参加分类回收活动。我在处理之前洗了所有的塑料瓶。你知道，塑料瓶很难洗——尤其是洗发水！我洗了一遍又一遍。想象一下当我看到清洁工把他们扔了的时候我有多生气！"——徐女士（50多岁）

图7-23　由于回收桶已经满了，居民把可回收物直接放在回收桶的顶部

图7-24　在居民投诉的第二天，可回收物马上被清理走（资料来源：居民提供的照片）

由于暂时没有有效的方法来解决这个问题，一些居民会让拾荒者在清洁工人处理之前将可回收物收走。在研究期间，我们经常发现拾荒者会从回收箱中捡出一些可回收物拿去卖掉。一些居民仍然会把纸箱之类比较值钱的可回收物或者旧电器放在垃圾桶旁边，以方便拾荒者收集。这些可回收物品也会在很短时间内被收走。

7.4.4　反思

第2阶段有助于与更多的利益相关者进一步合作。这一阶段不仅发掘了机会点，同时也探讨了在实践中使用行动研究的困难和经验。行动研究的经验表明，让各方利益相关者从项目早期便开始参与进来，有助于平衡各方的利益。然而，在实践中，很难真正做到利益均衡。也就是说，不可能满足所有人的期望，也不可能仅仅通过设计干预措施和协作改变每一个人的不良行为。找准目标群体并了解他们的需求可以鼓励更多的人参与家庭分类回收。这种做法并不是为公众参与家庭分类回收的困难找借口，也不是无视某些群体的意见。相反，这是为了确定四种行为模式中的目标用户，以提高公众参与分类回收设计的有效性。同时，通过对静态组群体的研究，我们可以从失败中获得一些启发。

四种行为模式的受访者评论 表7-3

行为模式	受访者人数	评论
线型	12名居民；2名清洁工；2名拾荒者	"分类回收非常重要"、"我做我力所能及之事"、"我已经习惯了这样做"、"该设计使垃圾分类变得更容易了"、"一些老年人和拾荒者收走它们，然后卖钱补贴家用"
依赖型	24名居民；3名物业管理人员	"设施干净、方便使用"、"设施可达、方便"、"工作坊后有一些后续行动"、"设施是按照我的建议安装的"、"我的一些邻居是积极的分类回收者"
环型	22名居民	"我注意到一个清洁工把可分类回收的垃圾作为一般垃圾处理，然后直接扔掉"、"垃圾桶总是满的"
静态型	27名居民；3名清洁工	"兴趣不大"、"麻烦"、"清洁工混装垃圾"、"我很忙"、"没人让我这么做"、"没地方存放"、"卫生问题"、"浪费时间"、"缺乏有效的实施和管理"、"之后没有有效的方式来转移收集到的回收物"、"有些回收品不值钱"

表7-3根据第7.1节所列举的四种行为模式，对不同的受访者进行了分类。对于线型组和依赖型组，设计改进能够促进分类回收的参与度；对于环型组，设计干预措施和协作增加了他们的动力，并初步改变了他们的行为。然而，后续的执行和管理工作不到位会引起人们的烦恼、沮丧和反感，而最终导致失败；对于静态型组，仅靠设计干预和协作不足以改变他们的行为。因此，确保适度的设计干预和长期有效的管理显得非常重要。对于静态型组，设计干预和协作并不奏效。这个群体的人会选择直接忽略，甚至做出抵抗来阻止项目的有效进行。一些激励或约束性策略，如政策、规章和经济激励措施，可能会有所帮助，但应记住，不合理和不恰当的干预措施可能会造成社会问题。研究人员应该特别注意这个群体。

在这一阶段，从观察和访谈中可以看到一些存在的问题和机会点：

（1）居民和清洁工之间仍有一些分歧。一方面，居民抱怨分类回收箱总是满的——特别是塑料桶——因为清洁工不是每天都清理。清洁工表示，他们忙于处理大量的生活垃圾，以致无法经常收集这些可回收物。因此，针对塑料的收集情况可以适当增大塑料回收箱的体积或者提供一些压缩装置。

（2）清洁工从回收箱中收集可回收物后，并没有以有效方便的方式将其转移到分类回收站，这会大大降低清洁工收集回收物的意愿，一些分好的垃圾实际上并没有分类清运。而当参与的居民看到这种情况时，他们便会对分类回收失去了热情。因此，末端处置不但决定了前端分类，也会影响人们的行为。

（3）利用设计干预去引导和说服老一代人参与分类回收是无效的，因为这一代人的行为已成为根深蒂固的习惯，要试图改变他们的习惯是一件非常困难的事情。相反，说服年轻一代采取可持续的行动相对容易很多。

（4）虽然一些人在研究期间改变了原来的行为，但这并不能确保行为的可持续性，尤其是在执行和管理方面，因此还需要继续展开深入的调查研究。

7.5 行动研究之启示

协作式工作坊和实地测试中收集的数据比传统的问卷调查提供更多的信息。参与式行动研究不仅可以帮助我们发现实际操作过程中存在的问题和阻碍，还可以从中发掘一些机会点。然而，在社区活动中开展行动研究其实有一定的困难，特别是与家庭参与分类回收有关的活动。首先，协作式工作坊的选择地点决定了参与者的类型。例如，老年人和残疾人由于身体原因不太可能去太远的地方参与研究；而清洁工人因为工作的原因也同样不愿意去太远的地方。因此，研究室或者实验室等地方就不适合举办工作坊。为了确保参与者涵盖了不同群体的人，有必要采取就近原则，在小区里面举办工作坊。其次，小区住宅的空间特征跟政府机构或者学校有很大的区别。在很多现代城市的高层住宅小区里都会设有保安，在没有得到包括物业管理公司和房屋署等相关部门的批准下，不可能在大楼内部进行调查。在实践中，许多住宅大楼都会有所顾虑，不太愿意参与该项目。而且在住宅大楼内部进行观察可能会因隐私问题引起麻烦或误会。此外，住宅小区的人口结构各不相同，按年龄、家庭收入和受教育程度形成了不同阶层，群体类型的多样性和复杂性也会让居民参与分类回收活动变得尤为困难。本次关于社区分类回收行动研究的主要经验如下：

（1）积极寻求当地社区中心的帮助，让社区主干参与到项目中来。社会工作者与大楼内的许多当地居民保持着良好和密切的联系，这使得研究人员很容易接触到居民，也不会显得过于冒昧，通过社工的协调更容易建立起信任感。

（2）让不同的利益相关者参与设计有助于最大限度地平衡各方利益，提供有效的解决途径，包括地方政府、物业管理、居民、社区主干、非营利组织、私人回收商、清洁工以及拾荒者等。这是优化公共设施和服务设计的关键。

（3）行动研究的结果很重要，因为它使不同的利益相关者能够在这一过程中充分表达自己的需求和偏好。循序渐进的特性和持续性确保了研究人员能够根据参与者即时的反馈意见对设计进行反思、规划、评估、调整和实施，以满足人们的需求。

（4）为了体现回收设计的参与性和公平性，鼓励大众积极参与分类回收活动，从早期便开始介入到真实的项目中，并在实践中不断进行评估、反思及修改，分析各因素对可持续行为的影响。研究表明，用户从项目早期阶段便参与设计有助于更早的发现问题、机会点，最大限度地减少实施后因反复调整而花费的大量时间、人力和金钱。

（5）家庭分类回收中的行动研究包括政策或设计方案、实施、管理三个层面。如果参与者看到他们的建议被采纳并有一系列的后续行动，他们的积极性和满意度就会有更大的提升。

（6）迭代测试过程对决策是有效的。在行动中，我们可以观察人们行为的变化，发现困难阻碍以及机会点。实地迭代测试还有助于最大限度地实现公众参与并找到解决实际问题的方法。

（7）必须在项目之前确定项目成员的角色。参与者和研究人员都在设计过程中发挥了积极和重要的作用。研究人员不仅充当协调所有事务的协调者，而且在此过程中还提供专业建议和技术支持。

（8）在设计过程中平衡各方利益其实是很困难的，也不可能满足所有人的要求。因为任何提议都会有反对的声音，在这个过程中，强迫和妥协都不是最好的办法，很多时候就需要社区主干、热心人士、组织或设计师等角色从中进行协调，积极沟通，提出创造性的解决方案。

（9）行动研究方法可以帮助我们在一个螺旋式的发展过程中对人们的行为以及环境的变化作出深入的理解和评价。社会和文化环境是动态发展的，具有一定的复杂性和多样性，随着时间的推移，人们的反应、需求和行为都在不断的变化。因此，必须认真评估长期研究的发现和结果。

7.6 本章小结

目前，关于高密度社区垃圾分类回收和用户可持续行为的研究大多是采用定量的研究方法，而涉及社会文化和生活环境方面的定性研究方法较少。本研究采用行动研究方法，通过深入的分析去揭示人们的行为方式以及追踪行为的变化情况，通过实地螺旋式的反思评估找到问题的解决办法。

为改善高层生活环境下的社区分类回收的公共设计，提高公共设施的可用性和可达性，仅仅依靠设计师是不够的。努力促进参与分类回收的积极性，还必须考虑各方利益相关者，并鼓励他们从设计早期阶段便介入并发表意见。在实践中，不同的利益相关者，包括居民、清洁工、拾荒者和物业管理人员等，由于其身份、出发点和立场的差别，他们对公共设施和服务的态度也会有所不同。行动研究可以很好地帮助研究人员和设计师去发现人们动态的需求和行为变化，从而提出适合于当地居民日常行为模式的社区公共设施及公共服务设计方法，建构可持续社区。但是，这需要在设计方案、实施、管理三个不同层面分别采取长期持续的行动。此外，如果参与者看到他们的建议被采纳并有一系列的后续行动，他们的积极性和满意度就会有更大的提升。

该研究还确定了四种行为模式，并发现了可以应用设计干预和协作的目标群体。设计干预和协作可以影响人们的行为。然而，这并不意味着可以改变所有人的行为。实际上，要满足人们的需求并鼓励人们的可持续行为，仅仅通过设计干预和协作是不够的。

研究结果表明，设计干预和协作对线型、依赖型和环型组有影响，但对静态组没有影响。仅仅依靠设计和管理难以改变他们的习惯，他们会直接忽略设计干预或以不受欢迎的方式作出响应。然而，设计师更应该要重视静态组，因为对这类群体采取不合理和不恰当的干预可能会产生不同程度的社会问题。因此，有必要识别不同的行为群体并了解他们关心和顾虑的问题，以鼓励更多人参与分类回收行动。

第 8 章

人、垃圾与空间创造——淘大花园之空间实践

8.1 淘大花园环境的描述

淘大花园是20世纪八九十年代香港一个大型私人屋苑，位于九龙观塘区的牛头角。与大多数香港的私人住宅类似，淘大花园属于高密度屋苑，划分为A至S座共19座大楼，4896个单位，共容纳了17000多名居民。层高从30层到40层，单位建筑面积由371呎到607呎[①]不等。楼下是一个三层的淘大商场，各座多由地面入口出入，另有平台出入口，以便使用停车场。位于三楼的平台以停车场为主，只有一个平台公园，因平台常为垃圾出入口，居民通常不以此作为休憩区域。

住宅区内布满了电梯、楼梯和各种公共设施。大楼内的公共空间非常狭窄。这些狭小的空间——有时窄到1.5米——仅能满足自然采光和通风设计的最低要求。事实上，大多数时候这些空间都是黑暗和闷热的。

"家居废物源头分类计划"自2005年在全港推行，旨在鼓励更多市民参与废物分类回收。为了鼓励和教育居民源头减废和积极参与分类回收，除了这项计划之外，淘大花园的四座大楼（共1024户家庭）纷纷开展了各种家居废物分类回收活动（图8-1）。

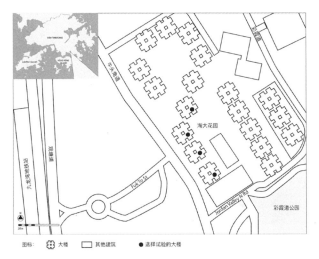

图8-1 淘大花园的空间布局图

---

① 呎，英美制长度单位，1平方米=10.7639104平方呎。

8.2　研究起因

香港每天约有3600吨的食物废物，约占生活垃圾量的42.3%。其中三分之二的食物来自于家庭，三分之一来自于商业和工业部门。由于高层建筑中食物回收的复杂度和难度比较高，与玻璃、金属、纸张、塑料等物料相比，厨余垃圾的回收率极低，只有0.6%。过去的二十年，香港政府、环保人士、非营利组织和一些企业为了处理食物浪费问题采取了很多政策和措施，其中包括管理、规范、经济激励及处罚（主要针对工商业）等，但收效甚微。自2005年起在香港全面推行的家居废物源头分类计划，亦主要针对废纸、金属、塑料等废物，家庭厨余的回收也仅限于在一些屋苑进行试验活动。

较早的研究表明，居住环境和生活方式对家庭厨余的分类回收有很大的影响。在一些新建的住宅楼会配套食物处理器来处理厨余垃圾，然而，对于大多数以及使用了几十年的住宅建筑而言，家庭厨余的分类回收难度是非常大的。香港是亚洲高密度紧凑型典型城市之一，无论是政府提供的公共屋邨（简称公屋）、居屋，还是地产发展商兴建的私人屋苑，大多数住宅都在30~50层高度，通过向高空延伸实现土地效用最大化，一些居民楼甚至高达70多层。而且房子的面积相对较小，特别是公屋（<40.0平方米）。人口密度很高，40~50平方米的房子里住4~5个人的情况相当普遍。大部分家庭厨房的空间非常狭小（一般不超过2平方米），不足以安装食物垃圾处理器。其次，当地居民的烹饪和饮食习惯与西方国家截然不同（例如，日本超市所贩卖的食材与我国菜市场、超市的不同，在售卖前均进行加工处理，比如肉类会把骨头剔出掉，家庭也不会产生太多的厨余垃圾。）人们习惯在菜市场购买新鲜食品，而不是超市的冷冻食品，这也造成了食物垃圾中含有大量的水分，导致食物很容易腐烂变质，产生渗滤液和臭味，长期存放会导致各种卫生问题。

国内外不少研究讨论了影响人们参与垃圾分类行为的因素以及如何提高人们的积极性，例如政策、管理、教育、经济激励、奖励和惩罚等。"垃圾按量收费"（pay as you throw）作为一种直接的经济刺激方式，在不少国家和地区已经开始实施，也被认为是一种比较有效的方式。然而，大多数研究都主要针对低密度城市群的发展特点，在高密度住宅方面的研究相对较少。近年来，日本、韩国、新加坡等亚洲国家和地区在厨余回收管理方面开展了积极的尝试与探索。在日本，不同类型的垃圾按指定日期进行收集，其中包括厨余垃圾。市民必须在家里储存厨余垃圾，并按照严格的垃圾收集时间进行处理。任何不当或非法处置行为都会受到处罚。与韩国日本等城市相比，香港的居住环境更加拥挤和复杂。这种高楼层、高密度的居住环境以及生活习惯，给家庭厨余分类回收带来了很大的困难。

目前，关于高密度社区垃圾分类回收和用户可持续行为的研究大多是采用定量的研究方法，而涉及社会文化和生活环境方面的定性研究方法较少。定量研究主要通过抽样问卷去收集主要信息，包括研究对象的满意度调查、价值观、态度和影响因素等。然而，有学者指出，受访者很多时候其实无法准确或真实地处理自己的行为和态度，而且也比较主观。米歇尔·德·塞尔托在《日常生活实践》（*The Practice of Everday Life*）一书中指出，定性研究则可以通过深入的分析去揭示人们的行为方式以及行为背后的原因。事实上，环境因素（如居住环境及周边配套设施、社会文化和生活习惯等）对人们的可持续行为都有很大的影响，食物垃圾的产生与特定环境中形成的日常实践直接相关。日常生活实践为我们提供了一个视角——认识现象背后不可预见的可能性。

近年来，香港部分屋苑实行了厨余回收计划。然而，由于各种现实问题，大部分项目都暂停或者取消，只剩下少数的几个屋苑仍在实施厨余回收。本书希望借着此次研究，能了解到如何通过公共空间去"活化"高楼层高密度社区，从中观察环境因素对用户可持续行为的影响。因此，从2016年开始在淘大花园进行直接观察和采访调查，希望借着研究所得的资料去客观性地讨论以下问题：（1）高楼层、高密度的居住环境对厨余回收有什么制约因素？（2）公共空间对于居民的意义究竟是什么？（3）如何通过改善公共空间和公共设施去引导居民的可持续行为。

在观察期间，研究员建立了一个假设，即：居民通过在社区公共空间中的活动，让他们慢慢建立起牢固的邻里关系。同时研究员也建立了一个观点，那就是在社区公共空间的营造过程中，有效的管理和维护可以引导居民们的协作，然而，居民们因为各自的原因会表现出截然不同的态度和行为，因此，在项目开始前决策者、管理人员、设计师和用户就需要进行充分的沟通，让不同利益相关者参与进来，从而找到合适的解决方案。

8.3　研究方法

为了具体地了解淘大花园里居民每天的食物分类回收情况、居住环境的影响以及他们的日常分类回收实践，我们采用了三角互证法（triangulation）。科恩和马尼恩指出，三角互证法有助于研究人员从不同角度或立场解释用户行为的复杂性，它可以保证研究的效度，使研究人员克服因单一数据来源产生的问题和偏颇。在研究同一现象或问题时，采用两种或两种以上的研究策略可以确保资料的真实性和判断的准确性。本研究选取了数据的三角互证（data triangulation）和研究方法的三角互证（methodological triangulation）。数据三角互证尝试通过不同时间和空间维度去解释一种现象，以使结果更容易进行比较。方法的三角互证需要使用多种研究方法对同一现象进行数据收集。本研究的三角互证法主要采取两种形式：（1）使用不同的方法来检查同一个情况。采用了直接观察法和访谈法作为搜集资料的方法，一方面，研究员要敏锐细致地观察用户的语言行为，另一方面，通过直接接触和深度访谈去掌握用户的观点以及记录这些行为背后的原因。（2）在不同情景下使用相同的方法。例如，在不同的时间维度对同一个空间和相同的用户进行观察。

8.4　研究的设定

这项研究于2016年2月至2017年6月进行。包括不同的时间和空间，因此研究员能够观察到不同时间及情况的环境下人们的活动模式及其变化状态——如工作日和周末；上午、下午、上下班高峰期和晚上；观察地点如大堂、平台、升降机、走道、住宅等。

在记录方面，研究员试图以拍照配以笔记方式进行，为了保护隐私和维护参与者的尊严，被拍照的人会被提前告知他们将会出现在照片中，取得他们的同意后才进行拍摄。然而，有一部分居民表示不愿意被摄像机拍到，在此情况下，研究员只能以笔记方式来记录数据。此次研究选取了四座大楼进行重点调研，数百名居民参与调查。

为了对不同利益相关者行为背后的动机和想法进行了解，研究员对不同参与者采取了半结构化访谈和开放式访谈。本研究期望居民对下列问题提供答案及发表意见：（1）你如何看待社区中现有的分类回收活动？你是否有参加？（2）你如何处理日常生活中的厨余？家里谁负责处理？对于区议员及物业管理人员的访谈，研究员期望他们对下列问题提供答案及发表意见：（1）目前社区中的厨余回收活动有什么困难吗？（2）在实施与管理方面遇到什么问题？面临哪些挑战？在开放式访谈中，大多数问题都是在观察期间同时提出的。采访以录音方式进行，事先会通知所有参与者。然而，一些受访者对此表示担心，不愿意对话被录音记录下来。有些受访者则表示对录音的方式感到不舒服，并表示当他们意识到他们的访谈将被记录时，他们无法自由表达他们的观点。在这些情况下，研究员采取笔记的方式快速记录他们的回答。

8.5 观察与发现

8.5.1 厨余回收活动：因地制宜

与其他社区的厨余回收计划不同的是，淘大花园因应居民的诉求和具体情况，不仅对厨余进行了分类和收集，同时还包括了初步的加工和制作肥料进行种植。研究员用一个流程图来描述淘大花园的整个厨余回收活动计划（图8-2）。

该计划以自愿参加为原则进行。从流程图可以清楚地看到，一部分的厨余垃圾会被分类回收，进入再利用的环节；另一部分的厨余垃圾由于设备数量的有限和居民没有参与，仍然与其他垃圾混合在一起最后被送往垃圾填埋场。需要指出的是，如果现场对厨余垃圾进行分解处理，会产生气味和噪声，考虑到居民的顾虑和环境卫生问题，淘大花园只是使用了干燥机对厨余垃圾进行干燥和压缩，并没有在社区里面直接对厨余进行分解。经过干燥和压缩后的厨余垃圾，体积会小很多，然后将会被运送出去进行下一步的分解处理，几天后便以肥料的形式返回。参与这项计划的每个家庭都可以换取到种植的土壤和有机肥料。淘大花园三楼是个大型露天平台，连接了几栋居民

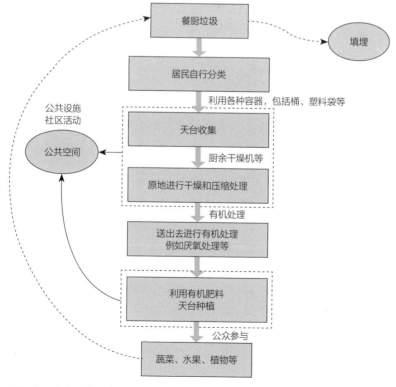

图8-2 厨余回收活动计划

楼，这种结构其实非常有利于进行各种各样的活动。然而过去这一大片空地只用于停车，居民也较少在这里休憩。而如今，在这个中央地带特意划分了一部分位置用于种植。管理人员提供了一些基础设施如花盆、工具、桌椅等，供居民休憩和使用。同时也会在社区内举办各种种植课程、活动等，以鼓励更多的居民参与。阳光、青草、绿树、花朵、洗手台、椅子，这种空间布局很容易地转化为一个休闲的场地，诱导了来往经过的人不会匆匆地走过，居民自然而然地聚在一起聊天。这个地方有足够的空间让人们聚集，并且能自由使用，让居民在其中舒畅地活动、休闲、聊天，推动人们产生以每天日常为基础的紧密的社交联系。再加上每天固定的回收活动与种植活动，于是街坊邻里日复一日、顺理成章地在重新再利用这个开放空间，互相监督、互相帮助，并由此建立起他们紧密的社交网络。

事实上，社区的可持续化和居民参与方式并不是先验的、固定的，而是在过程中、真实的直接经验中，变动地产生了不同的模式。据叶议员的描述，2003年非典型肺炎之疫导致居民非常注意卫生问题，因此对厨余回收的方法必须要小心谨慎，不然计划就会因居民的投诉而不得不中断；另一方面，非典过后，居民变得比以前更团结，更有责任心，任何对社区建设有益的活动都会积极参与，也很积极响应业委会主席叶议员的号召。自从在淘大花园实施垃圾分类以来，居民都很积极配合叶议员的工作。根据研究员的观察可以总结出，在淘大花园的垃圾分类活动中，叶议员起到至关重要的带头作用。他积极向政府部门申请购买各种设施的经费，定期组织各种社区活动，还身体力行地逐家逐户做宣传，并带领了一些居民做好社区的监督工作。

"以前大家叫我'沙士村'村长，自从屋苑实施了垃圾分类管理之后，现在大家叫我'垃圾'区议员。"——叶议员

然而，这种方式从制定到执行都非常依赖社区带头人进行组织引导，一旦社区带头人换人或者搬离这个社区，活动就很容易中止。实施过程中还要尽量平衡大家的利益，解决矛盾冲突，提出一些可行的解决方案。任何有可能引起卫生安全问题的建议都会引来居民的反对，强迫和妥协都不是最好的办法，很多时候需要一些创造性的解决方案。

"之前有政府部门的负责人过来现场查看，建议我们建造一个封闭的房间来收集和处理食物垃圾，然后把排气管的出口设置在没有人的地方。你说这哪里有可能啊，楼上到处都是住户，排气管的口无论伸往哪个地方都会被人投诉！这个方法肯定是不可行的！"——叶议员

"很多厨余处理器都是原地分解食物垃圾。它很方便，可是不适合我们。它在分解过程中会产生一种让人呕吐的气味……附近的居民一定会投诉的。因此，我们选择了只有干燥、粉碎和压缩功能的厨余处理器。然后将处理过的食物废物送出去进行分解，并作为有机肥料返回。"——叶议员

8.5.2 挑战

空间狭小是香港居住环境最突出的问题。与大多数香港的私人屋苑一样，淘大花园属于高密度、高楼层的设计，住宅的面积非常小，尤其是厨房（一般不超过2平方米）。有限的生活空间使他们很难将食物垃圾存放在厨房。香港的传统高层住宅空间与欧美国家的单层或低矮建筑有很大区别，因此安装家庭厨余处理器或粉碎机也有一定的困难。

"我也希望在厨房里安装一个厨余处理器，这样就比较方便。可是，我们的厨房空间实在太狭小了，甚至没有空间存放锅碗瓢盆。"——李先生（60多岁）

住宅里的私人生活空间有限，于是公共区域（如楼道、走廊、大堂等）中的公共设施就起到一个很重要的作用。然而，基本所有楼层的公共区域都是非常狭窄的，尽管每层楼都有垃圾储存室，也只能收集垃圾和放置一些细小的分类回收箱，无法安装食物回收处理器。考虑到大楼内部有限的空间，只能选择裙楼中的一些开放空间安装食物回收处理设施（图8-3）。

图8-3 淘大花园的回收设施

此外，正如上文提到，卫生问题给淘大花园实行厨余回收带来了很大的挑战。居民喜欢去菜市场买新鲜的食材，这些未经加工处理过的食材在家庭内加工的过程中容易产生较多的厨余，同时也含有大量的水分，导致食物容易腐烂变质和发臭，在家里放置一个晚上就会滋生大量的蚊虫蟑螂。因此，大部分受访者表示，他们不愿意把厨余垃圾放在家里一个晚上，每天都必须对厨余进行弃置处理，避免造成卫生问题。

"每天晚上八点到十点，我们都会有管理人员在这里等候大家把厨余垃圾拿过来回收，同时我们也会对每个参与回收的家庭进行记录，然后当天便会对厨余垃圾进行干燥压缩处理，保证不会发出臭味和漏水，不然就会引起楼上住户的不满！"——叶议员

而现实情况是，无论怎样做，都不可能满足所有人的要求，众口难调，总会有一些反对的声音，矛盾与冲突也在所难免。收集点楼上的住户也表达了自己的看法。

"我不反对社区实行厨余回收，然而收集点刚好在我家楼下，我比较担心会引来老鼠蟑螂，而且还会产生臭味。"——林先生（50多岁）

与楼下的空地相比，连通裙楼的公共空间虽然方便居民往来，然而对食物回收也会有一定的限制，如果厨余垃圾没有妥善处理，臭味就很容易扩散开，引来居民的投诉。考虑到厨余处理器会产生让人厌恶的气味和噪声，因此要尽量避免积水漏水和臭气的产生，避免细菌的繁衍和散播，于是，淘大花园用干燥机代替了处理器，现场仅对厨余垃圾进行干燥和压缩处理，并没有在社区里面直接对厨余进行分解。同时，厨余垃圾的收集安排在固定的时间段进行——晚上的八点到十点，而不是任何时段，指定的收集时间可以尽量控制异味和细菌的传播，最大限度地减少对低层住户带来的不便。不少受访者表示，这样的收集时间安排比较合理，刚好是饭后散步时间。

目前，淘大花园的厨余回收计划都是非强制性的，街坊们是自愿参与的。大部分受访者表示他们都意识到源头减废和垃圾分类的重要性，也积极配合社区的垃圾分类工作（图8-4、图8-5）。同时也反映出执行与管理的必要性，有受访者表示，如果缺乏有效的管理，他们的积极性也会降低。因此，淘大花园的管理人员在整个厨余回收活动中投入了大量的精力，从方案的规划、听取居民意见、安装设施、宣传、教育，到后续的管理和维护。仅仅放置几个回收箱是不会有任何效果的，要保证垃圾分类长期有效地进行，必须充分考虑不同群体的意见，让不同的利益相关者，如居民、清洁工人、管理人员、社区主干等从项目早期便开始参与进来，尽量平衡各方的利益。然而，在实践中，很难做到利益均衡。比如说，如果要最大限度地满足居民的要求，让他们随时随地的投放垃圾，则会给管理人员和清洁工带来繁重的压力，最后导致项目的失败。因此有必要提出一种居民既能接受，同时对管理执行人员来说简单高效的方法。

"有些屋邨为了方便居民，会提供一些桶给他们装厨余，然后还帮他们清洗干净。我们哪里有空处理这些事情啊！这样会增加我们很多工作量的！完全没有必要的！我们的居民很配合，他们会用塑料袋或者桶装好厨余垃圾，拿过来这边倒，然后把桶带回去自己清洗。"——叶议员

为了鼓励居民源头减废，以其中四栋大楼作为试点实施垃圾征费项目，居民自愿

图8-4 厨余回收

购买垃圾袋。从居民的采访中发现，一开始有60%以上的居民购买了垃圾袋，而业委会主席的积极倡导也是促使他们购买垃圾袋的重要原因之一。

"叶议员连续几天亲自站在大堂卖垃圾袋。虽然是自愿为原则，但其实垃圾收费还是很有必要的，我们每个人都有责任。而且，我们也要'响应业委会主席的号召'。"——罗女士（40多岁）

叶议员指出，垃圾按量征费的确可以鼓励人们把可回收的物品提前分开处理，使垃圾量迅速减小。然而因为许多地方因素，不可能长期仅依赖奖励或者处罚等经济刺激维持项目的运转。实际上，项目开展了几周之后，只剩下不到30%的居民继续购买垃圾袋。一些受访者指出其实没有必要购买垃圾袋。

"我买外卖的时候会提供一个塑料袋；我去市场买菜的时候也有一些塑料袋……我每天都有很多塑料袋，而且都是免费的。因此没有必要购买一个新的垃圾袋，然后把这个袋子放到那个袋子里面……这样更加不环保！"——周先生（50多岁）

虽然只有少数居民继续购买垃圾袋，但并不表示其他不购买袋子的居民就不参与源头减废和垃圾分类活动。根据统计数据得出，淘大花园固体废物的产生量比去年同期下降了不少。

8.5.3　机遇

自从厨余回收计划启动以来，越来越多的居住在四栋试点大楼的居民积极参与这项活动。此外，一些住得稍微远一点的居民也非常支持这项计划，并愿意把他们的食物垃圾带到这里进行回收。参与厨余回收的不仅包括儿童、成年人、老年人，还有佣人。

"几乎所有的住户都要搭乘升降梯前来处理厨余垃圾，有些住户还要转乘两次电梯。因此我必须确保整个过程是干净卫生的。我们还安装了洗手盆，提供了洗手液，这样居民处理完厨余垃圾之后就可以把手洗干净（图8-5）。"——叶议员

"食物垃圾是个大问题。自从我们的社区实行厨余分类回收之后，我已经习惯了每天固定时间把食物垃圾送过来。既方便又干净，而且收集时间相当灵活，这使我们大多数人都能够参与其中。"——刘女士（70多岁）

受访者表示，垃圾回收的便利性和可达性是最重要的，便利的回收地点和时间

图8-5　为了确保整个过程干净卫生，回收设施旁安装了洗手盆，还提供洗手液

可以提高他们参与食物垃圾分类的积极性。然而，如前文所述，在提高居民便利的同时也要兼顾可行性、卫生安全以及便于管理和维护等问题。根据淘大花园的居住环境和人们的生活实践，只有裙楼中的平台比较适合设置厨余回收设施和举行各种活动。大部分居住在附近的居民也表示这个距离是可以接受的；而一部分住在稍远一点大楼的居民则持不同的态度，他们认为这样的设置不合理，有失公平，因为他们所住的大楼没有这些食物回收设施，每次过来都要花一二十分钟，对厨余回收他们表示有心无力。

"我们住得大楼离回收点很远，我必须乘电梯到大堂，然后转到另一个电梯，携带这样的腐臭和潮湿的食物垃圾太不方便了，那些脏水滴的到处都是。我试过一两次就不再参加了。如果这些设施就在我家楼下，我一定会积极参加。"——梁先生（40多岁）

淘大花园的回收与资源再生计划把居民的积极性调动了起来。不少居民表示，他们住在大楼里，各家各户大门紧锁，都没有什么机会跟街坊交流，人与人之间也是冷漠的，也缺乏社区认同感和责任心。自从社区开展了各种活动，一些公共空间被居民们重新利用起来，大家有更多的机会沟通，使人们重新找回或建立像共同体那样的直接接触的人际关系，让彼此可以"结缘"，人们开始与社群伙伴建立起默契和共识，互相监督、互相帮助。再加上社区主干的积极推动，大家对公共事务都变得更加有责任心和积极参与。社区还定期举办各种种植课程和竞赛等活动，帮助居民发展技能，相互了解和学习。

参与回收与资源再生计划的居民，每天把厨余垃圾放到收集站进行回收，并换取一些有机土壤、肥料和种植需要用到的各种容器。在花园中，可以发现每一盆植物上都插着一块小的牌子，上面的数字是居民的门牌号码，居民可以很容易地辨认出自己和邻居的植物（图8-6）。

裙楼间的这片空地是大多数居民每天经过的地方。如今这块空地被活化起来重新再利用，而且还分成不同的区域，因季节不同种植不同的蔬菜植物，它为居民提供了与家人交流的机会（图8-7、图8-8）。不少居民在收获的季节把他们的家人带到花园里一起分享这份喜悦（图8-9）。当被问及他们对邻里的态度和看法时，不少受访者表示他们对拥有这样一个能够增加社区活动机会的地方感到很满意。他们表示这种方式可以拉近彼此关系，分

图8-6 居民可以换取一些有机土壤、肥料和种植需要用到的各种容器

图8-7　社区定期举办的活动

图8-8　空地被活化起来重新再利用

享活动过程中的喜悦，共享减废回收的成果。

　　"我觉得最重要的是相互协作和相互监督。看到别人那么积极地在做垃圾分类，你也没有理由袖手旁观坐享其成。大家一起去做一件正确的事情。"——周先生（30多岁）

　　"我们住在这些钢筋水泥的大楼里，都没有什么机会跟邻居们聊天，就连自己家人聚在一起聊天的时间也很少。"——刘女士（50多岁）

图8-9　居民在收获的季节把他们的家人带到花园里一起分享这份喜悦

　　不少年长居民对于社区举办的活动，表现出满腔热情。在研究期间，研究员发现不论是什么季节和节日，甚至是遇上不利于户外活动的天气（如香港天文台发出的"酷热天气警告"及"寒冷天气警告"的日子），年长居民几乎天天都去种植区，而且还主动帮那些要上班的年轻人照看植物。

　　"这是一种用姜和其他蔬菜制成的混合杀虫剂。它是有机的，它不含任何有毒物质！我从种植过程中学到的。老师教我怎么做。非常有用！我现在把它放在架子上，这样每个人都可以用它。"——黄女士（60多岁）

　　"那些年轻人上班工作很忙的，没有那么多时间去打理植物，我比较空闲，平时就帮他们浇花施肥，只是举手之劳而已。"——林女士（70多岁）

8.6　人、垃圾与空间创造之启示

　　本案例研究通过定性研究方法对高层建筑中实施厨余分类回收的挑战和机遇进行了探讨。淘大花园的实践案例对研究人、垃圾与空间创造之间的关系提供了一些启发。通过与居民和管理人员的访谈，研究员发现了一些关键的影响因素：例如环境因素，包括建筑环境和社会文化，对于公众参与分类回收有重大影响。建筑环境和设施设计的质量直接决定了人们的可持续行为。因此，充分考虑高密度社区中厨余分类回收面临的困难以及如何通过改善设计以鼓励公众积极参与是非常重要的。

8.6.1 背景因素的识别

不少学者对垃圾分类回收行为的影响因素进行了探讨，其中政策措施、经济刺激、规范、个人的态度、习惯等因素已经被证实了会影响人们的行为。斯特格和瓦莱克也指出，物理基础设施、技术设施和公共设施的可用性等背景因素与可持续行为高度相关。与人口密度低的城市不同，香港特殊的高楼层和高密度生活环境给厨余分类回收带来了许多挑战。马丁（Martin）等人指出，在不了解生活环境和特定生活方式的情况下直接强制进行垃圾分类回收是很困难的。

空间狭小、卫生问题以及实施管理是社区进行厨余分类回收面临的三大挑战。狭小的居住空间使居民难以在家中放置不同类型的回收箱。在大多数旧式建筑的厨房中额外安装食物垃圾处理器也很困难。因此，公共空间的公共设施在厨余分类回收项目中就发挥了重要作用。然而，安全和空间等诸多因素会影响食物垃圾收集计划的有效实施。在香港的大部分房屋中，尤其是公屋，私人空间和公共空间都极为有限，这些都导致很难设立厨余回收设施。从食物垃圾的分类到存放、运送、处理，每一个过程都必须考虑卫生问题，淘大花园的案例为高密度社区实行厨余分类回收提供了一种视角。此外，研究结果表明，当项目管理不善和设施不能及时被维护时，人们的积极性和意愿就会大大降低。

8.6.2 公众参与

根据研究结果我们提出了一个公众参与回收过程框架图，可以全面了解如何利用公共设计去促进高密度社区的居民参与厨余分类的回收（图8-10）。在这个框架中，当地环境包括物质、社会、社会文化背景。每个变量都会影响公共空间和设施的供应。仅仅依赖公共设施难以持续影响人们的行为，有效的执行和管理是非常重要的。高质量的公共设计可以增加居民的兴趣，并在一开始就鼓励公众参与回收。有效的管理和维护可以不断加强社会协作，确保可持续社区的良好运作。

来自不同利益相关者的建议也很重要，如居民、社区主干、管理人员和清洁工等。这就需要改变自上而下的模式，鼓励公众参与和发表意见。如果只是单方面地满足居民的要求，提高居民的便利而向管理人员和清洁工引入繁重的工作，则项目很有可能因后续的管理执行难以持续有效地进行而导致失败。反之亦然。一方面，要在可行性的基础上最大限度地提高居民的便利性；另一方面，要确保实施和管理的方便，减轻

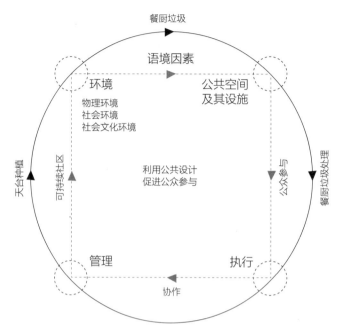

图8-10 公众参与厨余回收过程框架图

工作人员的负担，从而保证社区回收可以长期有效地进行。然而，在设计过程中平衡各方利益其实是很困难的，也并不可能满足所有的人要求。因为任何提议都会有反对的声音，在这个过程中，强迫和妥协都不是最好的办法，很多时候就需要社区主干、热心人士、组织或设计师等角色从中进行协调，积极沟通，提出创造性的解决方案。

8.6.3 社区共同体

便利的公共设施是实现可持续社区良好运作的前提。首先要确保垃圾分类回收设施的易用性、便利性和可达性。然而，要实现真正意义上的便利是很困难的，在这个过程中会遇到相当大的限制和障碍，不同的背景因素如社区管理模式、空间布局、群体构成、居民的收入水平、受教育程度等都会在不同程度上对"便利"产生影响。每个社区都有其特点，应根据社区的具体生活情况提供相应的策略方案。显然，标准化的"一刀切"的方法将厨余回收应用于每个建筑物是不切实际的。例如，许多原位分解食物垃圾的处理器可能不适合某些社区，因为它在分解过程中会产生气味。因此就需要一种可以减少噪声和气味的替代解决方案。同时，设施提供的数量和摆放位置都需要根据需求而进行调整。

淘大花园的实践经验提供了一个思路——改善公共空间的环境有利于提高公众参与。高楼层和高密度生活环境设计让大多数居民对生活环境表现出冷漠和疏离的一面。虽然他们长期居住在社区，使用同一个电梯，经过同一条走廊，但他们很少交流沟通或参与社区活动。在淘大花园，原来仅用于停车的大平台被居民们重新利用起来。通过厨余回收、种植、培训、丰收、成果共享、竞赛等一系列活动让居民有更多的沟通机会，重新找回或建立像共同体那样的直接接触的人际关系，建立起默契和共识，互相监督、互相协作、互相鼓励、积极参与厨余回收。通过物理环境的改变去引导和培养居民的可持续行为。

与宣传、教育、经济激励和惩罚等其他策略相比，社区协作被认为是一种温和的策略，通过间接的方式改变人们的行为。换句话说，外部的干预方式本质对于居民来说都是被动的，从"我劝导你"（引导的方法）和"我要求你"（激励的方法）到"我命令你"（约束的方法）。而社区协作刚好相反，把居民从被动参与变成主动协作，从"我帮助你"和"你需要我"到"我们一起做"。

8.6.4　对未来研究的启示

淘大花园的"厨余回收计划"是以社区主干为驱动的基层计划。研究表明，在特定的物理和文化背景下提高公共设计的质量有助于影响人们的回收行为。除了传统的干预措施，例如教育、宣传、经济奖励、管理和政策措施之外，参与式和协作式的公共设计可以形成一个积极的环境，重新建立个人与社区之间的关系，把居民的积极性调动起来。每一个参与的居民都是主动而不是被动的，逐渐建立居民的社区认同感和责任心，共同构建可持续社区。但是，这种方式存在一个比较明显的问题。他们以个人为驱动的性质表明他们高度依赖组织者，一旦组织者离开或停止计划，可能就会导致失败。因此，在不同利益相关者的支持下建立一个社区人民共同驱动（如由社区主干、专业组或机构、热心人或社团多方组成的团队）的方法对垃圾分类回收的长期良好运作起到非常重要的作用。

在本研究中，我们选择了定性研究方式对一部分受访者在一个特定时间段内的行为和活动情况进行观察和深入采访，并没有采用大量的样本数进行定量研究。但也尽量确保了研究对象的差异化，如年龄、性别、家庭收入、家庭结构、职业、受教育程度等。从访谈和观察中收集的数据我们发现了一些在定量研究中可能忽略的重要问题。个人自报式的问卷调查往往与观察所得有一定的差距。比如说，有些受访者觉得自己很积极参与垃圾分类回收，在问卷中选择了"经常参加（每周5次以上）"，然而，在实际观察中，他们平均一周下来的参与次数也就1~2次，远远低于"经常参加"的要求。该研究通过深入了解人们的行为和生活环境，探讨了高层建筑中实施厨余分类回收的挑战和机遇。在今后的研究中，我们需要开展更多实践工作来评估实施这些计划的可行性，例如增加社区的样本数、不同群体的社区（如城中村、经适房、商品房）等。虽然该研究的结果并不一定适合郊区和其他低密度的城市，然而，它为国内许多类似高层住宅建筑的公共设计提供了一些思路：改善公共空间设计，例如建筑环境和公共设施，营造开放式和协作式的环境，建立像共同体那样的人际关系网，通过物理环境的改变去引导和培养居民的可持续行为。

8.7　本章小结

本研究对如何在高层建筑和高密度建筑中实行厨余分类回收提供了一些建议，尤其是如何基于物理环境和社会文化背景进行公共设计。通过非参与式观察方法可以帮助我们对物理环境进行客观的描述，研究员可以通过观察发现人们实际在做的事情，然后结合深度访谈，确定人们为何如此行事以及他们行为背后的原因。

淘大花园厨余分类回收项目的经验表明了公众参与与协作的重要性。一些高层住宅的设计对厨余回收活动有不同程度限制，如空间问题、卫生问题和管理模式等，公共设计则应根据居住环境和文化环境的特点进行相应的调整。显然，高效和便利的公共设施是实现可持续社区良好运作的前提，有效的管理及维护可以保证社区回收可以长期有效地进行。但是，这些都建立在最大限度满足各方利益的基础上。为了协调不同利益相关方的态度和意见，找到合适的解决方案，政策制定者、设计师和管理人员应该与用户进行沟通，让他们从早期阶段便开始介入项目，充分表达自己的意见，并让社区主干、热心人士、组织或设计师等角色从中进行协调，积极沟通，提出创造性的解决方案。

此外，通过改善公共空间设计可以促进高密度社区的居民参与厨余分类回收。从厨余的分类、收集，到种植、课程、竞赛、丰收等一系列活动，把"被动"变成"主动"。通过参与与社区协作的方式调动居民的积极性和责任感并建立社区网络。只有当人们与社区建立起密切的联系时，他们才会关心周围的环境，并热衷于参与社区的回收活动，从而持续地改变人们的行为。

第 9 章

垃圾、生活与城市空间

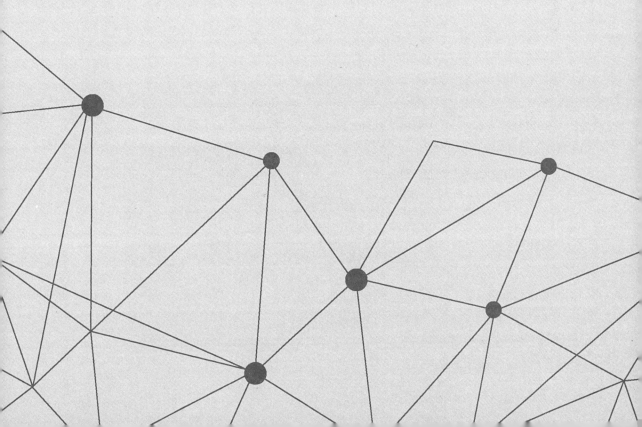

9.1　二手市场

深水埗位于香港九龙区域，是香港最早期的发展区域之一，亦曾为工商业及交通枢纽。时至今日，本区大部分土地均用作兴建住宅。该区的公营及私营房屋数量约各占一半，共有13条公共屋邨（包括香港最早落成的公营房屋——石硖尾邨）及七个居者有其屋屋苑。由于早年缺乏城市规划，以致市容混乱，而建筑物多于20世纪五六十年代建成，十分残旧，非法僭建举目皆是。深水埗每月家庭收入中位数远远落后于香港许多其他地区，因此也被人称为"贫民窟"。除了又一村、笔架山及荔枝角住了一些比较富裕的居民外，基本上深水埗区大部分居民都是贫苦大众，老弱妇孺所占人口比例很高。这区的私人回收机构和拾荒者比其他地区更活跃，许多回收中心和二手物品的私人回收中心都设在这个地区（图9-1）。

在深水埗地铁站出口附近的鸭寮街，不少档主和小贩在出售各种各样的二手物品。鸭寮街最著名的商品是二手音响，摊档售卖的价格比较便宜，且货物齐全。除了音响，这里的摊档还售卖各种有特色的商品，如旧唱片、影碟、锅碗瓢盆、电饭煲、旧的电器、厨具、塑料封好的20世纪发行的各面值的纸币、鞋子、自行车、陈年的挂历、古老时钟、废旧的电灯开关和废旧的零件，甚至还有用过一半或者三分之一的牙膏、小兔子灯。这些卖家有长者、学生、中年人、南亚少数族裔、年轻人等，摆满横竖交错的三条街道。与那些装饰精美的二手店或古董店不同，这些小贩往往随意摆放，物品十分混杂（图9-2）。然而，有些买家认为在这种地摊上淘宝是一件十分快乐的事情，他们很高兴买到一些他们喜欢的东西，看中了

图9-1　售卖废旧电器和二手家具的商铺

图9-2　随地摆放的二手物品

　　还会跟卖家讨价还价。而前来买东西的人也是各式各样，有来买必需品的——他们可以以非常便宜的价格淘到各种用品；有文艺青年来淘宝的，也有不少带着相机的游客。观察发现，那些卖耳机线、手表、影碟、二手电子产品以及厨具的摊位是最热闹的，其次是旧衣服鞋子。而那些长者卖其他零碎小件东西的摊位相对人少一些。

　　到了傍晚八点左右，街道灯光昏暗，很多时候看不清楚物品，有经验的买家们就会手持一个手电筒，到感兴趣的摊位前打开手电筒看具体的物品，将感兴趣的物品拿起来仔细探查，好像寻宝一样。

　　鸭寮街跳蚤市场一开始的目的是为了方便和服务附近家庭收入比较低的街坊邻居，同时也提供一个大型的露天场所处理二手物品。但近年来，观光游客越来越多，有些商人似乎看到了商机，也来参与跳蚤市场。逐渐商业化之后，这里的活动还是有点背离了初衷。例如，一些摊主会从其他地方低价收购一些低端商品再进行贩卖。物品的种类和价格也不再完全是针对有需要的贫困居民。

9.2　天光墟

　　墟市是我国的传统文化之一。墟市没有固定铺位，原是一种在空旷位置朝桁晚拆并从事交易的集体经济活动。香港早年以农业和渔业为主，因为要交换生活物资，慢慢地在农历初一或十五左右，人们于各村交汇的空间地方结集进行经济互动。随着人口和物资丰富，开始加入娱乐等元素，吸引更多人前往"凑热闹"，称之为"趁墟①"。

――――――――――

① 趁墟，亦作"趁虚"或"趂虚"，即赶集之意，南方谓趁墟，北方谓赶集。

　　随着经济发展，人口增多，市镇和街道用途有了更多的规划，政府所属的小贩管理亦开始出现。勒·柯布西耶（Le Courbusier）指出，政府竭尽所能地"理性的"规划和管理城市，把规划当作是"为人们提供适当生活环境，让他们生活幸福和谐的唯一途径"。于是，这些原是占有公共空间而进行买卖的活动，因没有牌照而被禁止，取而代之的是固定的商场或铺位。在研究普通民众的日常生活时，列斐伏尔和德赛都批判现代社会的日常生活被理性地组织、巧妙地细分，以配合一个被社会经济生产高度操控的时间表和城市空间。他们批判这种所谓的现代生产方式死气沉沉、没有文化，亦缺乏创意。

9.2.1　在城市"夹缝"中活动

　　事实上，这种经济活动文化并没有消失，他们只是低调地配合社会生存，在城市的"夹缝"中进行活动。正如德赛都在《日常生活实践》一书中指出，城市使用者会伪装或改造自己以求生存（survival）。城市使用者既非不变的习俗或传统，也不是简单的反应或响应，而是"接受"（reception）[①]。从20世纪70至80年代开始，就有了所谓的"天光墟[②]"出现，形式是清晨或半夜开始摆摊，于天亮前结束，从而避免被检控。这种形式售卖的物品众多，有二手或捐赠的，也有厂商过量生产物品，当然也有拾荒而来的。这种墟市维持至今，仍存在于社会各区，当中最有名的是深水埗的午夜墟及天水围的天光墟。

　　天光墟的摆摊时间通常是凌晨四五点开始，到早上七点左右天大亮就收摊。与鸭寮街的二手市场不同的是，天光墟的规模要小很多，加起来可能不到半条街。另外，买家和卖家也大不相同。天光墟的卖家更为一致——是一些已经丧失了劳动力的长者们，卖的物品可能让人感觉有点荒谬：冲洗干净的瓶子、过期的面包蛋糕、过期的药物、废旧的书籍、脏兮兮的洋娃娃、笔记本壳、摔坏了的玩具车、旧高跟鞋、旧窗帘床单，甚至还有石头。更为惊奇的是，这种貌似不会有人买的物品，确确实实有人买。偶尔会看到一些老人家驻足在摊位前细细研究一番，然后掏出两三块钱把东西买下来。当问及这些物品从何而来时，很多摊贩都不太愿意回答。其中几个随和一点的阿婆告诉调查员，这些物品大部分都是街坊邻里给她们的。这些物品对她们来说其实没有什么意义，她们甚至也不知道那是什么东西，不过既然别人给了，就带来小市集碰碰运气看能不能换几块钱。有些过期的食品是茶楼餐厅点心店给阿婆阿伯吃的，他们不吃，

[①] Siu, K. W. M. (2010). User participation: Quality assurance for user-fit design. International Journal of Quality and Service Science, 2(3), 287-299.

[②] 天光墟是民间集市，每天清晨或半夜开始运作，天亮即完结的特殊墟，故名（粤语"天光"即"天亮"）；亦因此"天光墟"此一名词只在粤语地区出现。以摆旧家具、器皿、旧衣、杂物架等二手廉价货物及古董、字画、古籍、盆栽等为主，清末民初为其全盛时期。现在天光墟已多泛指晚上开档，天亮前散集的集市。

留下来放在市集里卖，希望换一些钱补贴家用。至于买家，通常就是附近天桥的露宿者，东南亚的妇女们，还有一些老人家。

天光墟真实地反映了社会底层人的生活形态，买家只要花上几块钱就能买到生存所需的用品，所以别人丢弃的锅碗瓢盆有人买，过期的食物有人买，甚至过期的药品也有人买。而对于卖家来说，不管是他们觉得有价值还是无价值的物品，他们都会摆出来，看看能不能换到一两块钱。对于他们来说，这样通过努力换来的金钱比起直接行乞更有尊严，也证明了他们没有完全丧失工作的能力。

9.2.2 重建生活空间

天光墟的附近有一座天桥，桥上住满了露宿者，不管晴天还是下雨，日复一日年复一年。天桥两边的入口已经封住，行人不能通过，于是也变成了露宿者的家园。露宿者把天桥分成不同的小块地盘，把所有的家当（被子、床、柜子等）放在里面，他们可以完全在里面生活，包括如厕等，有时候他们会用剪开的塑料瓶来解决大小便的问题。这些人都是天光墟的常客，买些过期的食品果腹，买些旧衣物裹身……在城市的管理中，很多公共空间是不允许露宿的，比如说社区公园，如果被发现会被警察驱赶的。曾经有出现过政府突然通知露宿者要清洗街道的事情，并驱赶露宿者，将他们所有家当全部丢弃，甚至包括身份证钱包等重要物品。面对警察的驱赶，露宿者也不会选择正面冲突，他们就像打游击战那样，选择一种最不引人注目的方式，在城市的裂缝中生产下来；他们懂得霸占空间，各自划分自己的地盘，但不会侵入他人的领地，因此很少发生争执和冲突。

在某种程度上，天光墟、露宿者跟城市中的垃圾面临的情况差不多，被社会所排斥。他们踟蹰于偏僻的社会角落，在城市的夹缝中生存。在现代城市中，管理者为了让城市看上去整齐、干净和繁荣，并不希望看到城市发展过程的"排泄物"或"残余物"。因此，他们要千方百计地让所有的"排泄物"消失于无形，逃离城市人的目光。

9.3 老旧小区的活力

罗维（Rowe）在*East Asia Modern: Shaping the Contemporary City*论著中详细分析了东亚城市的现代化发展概况。罗维指出，在过去的50年东亚城市的都市化发展在很多方面都极为相似，这些城市都依照西方国家的"现代化"指标去发展——对高层建筑趋之若鹜，致力打造科技先进的建筑物。直到21世纪，各地政府仍在争先恐后地依全球化城市的规模把城市重建，方兴未艾地比较着哪个城市更加现代化。然而，早在20世纪70年代，西方就有不少学者就城市建设层面提出"使用者与市民的参与运动"（user and citizen participation）。在城市规划及更新过程中，市民强烈关注的是这项规划是否考虑到本土的文化、社区生活以及周边环境与生活文化的可持续发展。罗维认为，这些西方先进城市体验到的"公民社会"和集体参与，在这些东亚城市尚未出现，或者也只是刚起步而已。

9.3.1　人与居住空间

米歇尔·德·塞尔托在*Walking in the City*一文中提到，在高处鸟瞰城市，看到的只是一个抽象的概念，只有走进街道才能获得对城市真正的、具体的认识。大卫·哈维（David Harvey）则认为，了解城市的运作和发展过程，必须首先建立一个制高点，有一个清晰的理论框架（认知地图），从不同角度去对城市进行整体了解。哈维表示，城市中的社会空间，是从阶级分层的过程中生成出来的，因此不同社会空间就会有不同的社会或阶级关系，由此衍生出不同阶级的生活方式、价值取向。哈维也对消费社会给城市文化带来的冲击进行批判，他指出过度的商业发展和过度侧重于视城市为景点而进行的商业开发，容易导致本土文化的消失，毁灭了本土社区的素质、本土邻里之间的社会联系，以及本土传统文化的传承。哈维指出，人类在地球表面居住，沿着历史长河滋长出不同的风土人情，如生活方式、生活素质的标准、人与生活环境之间的关系以及不同的文化政治等。但是，一旦资本开始对一个地方进行投资，该地方的本土特质就会发生改变，甚至被摧毁。尼尔·史密斯（Neil Smith）也指出，经济生产方式和城市空间的改变，会导致建筑空间的性质和用途发生改变。借助探讨垃圾与城市空间的关系，我们回到原点，让人作为人，空间作为空间，深刻反省一下人与空间究竟是何种关系？何谓文化？何谓本土？什么才是适合现代人的居住环境？郭恩慈在《东亚城市空间生产》一书中提到，在城市中的某些地区或角落，人们在日常生活的实践中，会有意识或无意识地去防卫及持续一些蕴含传统的、艺术的及地域性的活动，以维持他们所居住地的固有面貌、文化以及他们所追求的生活意义。

事实上，在城市中，那些中高档的住宅区和公寓，大多数都是以"士绅①"的高尚生活方式为蓝图去建造的。这些中产阶级所占用的住宅建筑，往往自成一国，警卫森

---

① 在古代，"士绅"指的是世族、世家、门阀、富商，即地方上有钱有势、有头有脸的人，是中国封建社会一种特有的阶层；现代的"士绅"一词，指高收入的专业人士、高级行政管理人员、艺术家、文化界或从事文化艺术商业的人们。他们应是经济上相对富裕、没有家庭负担及享受休闲消费的人们。

严，层层监控，将不合资格的人们拒之门外。为了给人们提供足够的安全感，住宅的设计充分考虑了隐私性。至于那些精心设计的户外空间和公共设施，也似乎只是为每一个个体而非集体去打造。于是，社区和商品房越是高端，人与人之间的关系就越显得疏离。人们的日常行为活动被规范着、约束着。

9.3.2　充满生命力的"集体创作"

然而，在一些老旧小区——那些草根阶层居住的地方，我们仍然可以看到一些很真实的生活情景。在很多老式小区的公共空间中，我们经常可以看到各种各样的废弃旧家具——皮沙发、布艺沙发、木柜子、木凳子、竹凳子等，这些家具不像废纸塑料瓶可以直接换钱，拾荒者都不太愿意捡，由于体积比较庞大，清洁工人也不方便清理，久而久之，它们就搁置在那里，成为公共设施的一部分。显然，这些旧家具弃置的地点是经过人们考虑的，并不是随意扔在社区的垃圾桶旁边。大多数时候，它们都可以和谐地融入环境里面，并没有显得格格不入（图9-3）。

这些被居民遗弃的旧家具，创造了一个个以使用者为中心的公共空间，居民把这些桌子凳子搬到他们"理想"的地点——夏天下午时分，人们会把凳子搬到大树下的阴凉处（图9-4）；下雨时候，人们会主动地把凳子搬到楼底下避免大雨淋湿（图9-5）。于是，这些废弃的家具就像打游击战一样，在不同的时间点出现在不同的地方。

小区散发着活力，成为周边的一个引力空间，把老人、妇女、小孩吸引了过来，连周边小区的居民也常来互动。本来没有人会驻足停留的空间，放置了几件"垃圾"之后，又重新注入了活力——数张废旧木凳，让街坊们可以坐下来闲聊家常，家长们接送小孩放学经过的时候也会搭上几句话；几张废旧沙发堆放在一起，竟然成了小孩的"乐园"（图9-6）；人们还会从家里搬出麻将桌，拉上几把废旧木凳，几个"雀友"酒足饭饱后围在一起"搓几圈"，既增进了感情又打发了时间（图9-7、图9-8）。居民们还会发挥他们的能动性，对这些"垃圾"进行改造。例如在桌子上刻上棋盘，有时还会刻上"兵无常势"或者"观棋不语真君子"几个大字来提醒大家（图9-9）。于是，茶余饭后，就在这片空地上，两人对弈，众人围观，很快就把一群象棋爱好者吸引过来，共同享受象棋的乐趣。

其实为了提高社区的生活环境质量，在设计初期已经在小区的很多地方安装了户外长凳。然

图9-3　弃置的家具

图9-4　这些被居民遗弃的旧家具，创造了一
个个以使用者为中心的公共空间

图9-5　下雨时候，人们会主动地把凳子搬到
楼底下避免大雨淋湿

图9-6　几张废旧沙发堆放在一起，竟然成了
小孩的"乐园"

图9-7　人们还会从家里搬出麻将桌，拉上几
把废旧木凳

图9-8　几个"雀友"酒足饭饱后围在一起
"搓几圈"

图9-9　居民们还会发挥他们的能动性，对这
些"垃圾"进行改造

而，居民并不太喜欢使用这些已经配套好的公共设施，相反地，她们更加偏爱使用那
些可以让她们自由移动的废旧凳子。户外长凳子为了长期使用，主要都是铁或者砂石
制成的，然后会被安放到各个空间中，事实上，并不是所有的空间都那么受大众的欢
迎——显然，那些暴露于烈日下的没有树荫遮挡的公共区域，就很少有人会停留太久。

这些老旧小区住了很多市井小民，老年人的比例较高。街坊们习惯了旧时那种邻里相处方式——同住一条街巷，彼此串门，聊天品茶，说家长里短，同享其乐融融的热闹生活。当搬到了钢筋水泥的高层住宅之后，冰冷的楼道，认识的街坊也只是偶尔在电梯里见面打个招呼。于是，小区楼下的公共空间就成为街坊们聚会聊天的唯一场所。这些小区的物业比较随意，管理部门并没有明文规定空间使用的方法与限制，因此在某程度上给居民增加了不少的自由度。居民可以主动参与和打造属于他们自己的生活空间，增加了日常生活的社群互动性，让居民产生了社区归属感，重建了人与物的联系以及社区中人与人之间的联系。

第 10 章

结　论

　　一直以来，垃圾问题被描述为一场生态灾难，一个亟待解决的环境议题。在学术界，无论东方还是西方，"城市可持续发展"是最热门的研究课题，其中，"垃圾分类"更是这个课题中的一个热点话题。

　　现代社会将垃圾问题转化为技术发展问题——是可以随着技术的进步而得到解决的问题。但是，工业化以来，人类的技术水平在快速提高，垃圾问题反而更加严峻了。海德格尔早在《技术的追问》一书中批评过人类这种试图通过操纵技术来控制技术的方式。人们依赖现代的技术去处理垃圾，并想方设法把眼前的垃圾往其他地方倾倒，以最快的方式把垃圾转移到城市遥远的外部。

　　列斐伏尔在 *The Critique of Everyday Life* 一书中指出，资本主义的生产方式，就是无所不用其极地以消费活动来"殖民"平民大众的生活时空。消费主义有系统有策划地引导和组织人们的欲望，利用大众传媒将各类资讯植入平民大众的脑海，通过重复的内容资讯不断从消费主义角度去告诉人们，什么是生活，如何选择生活所需的消费品，使大家理所当然地进行消费。消费社会的矛盾在于，一方面大肆宣扬各种环保政策、绿色消费、垃圾回收、垃圾分类与再利用的活动越演越烈；另一方面，却让大家更心安理得地制造更多的垃圾，借助环保、可回收的光环把商品消费合理化。

　　道格拉斯在《洁净与危险》一书中指出，"哪里有污垢，哪里就有系统"，污垢通过规则、社会规范、价值观和仪式对秩序和混乱进行区分。某种程度上，污垢的定义与不同文化之间的认知和分类体系有着很大的关系。如果说道格拉斯的论述针对的是原始社会的文化，那么，霍金（2006）和奥布莱恩（2008）则把关注重点从原始文化转移到消费资本主义，并指出垃圾是人类文化和历史活动的结果。在古老和原始的乡村，垃圾的主要成分是粪便和食物，由工业制品所构成的工业垃圾和无机垃圾相对较少。农村人口密度很低，加上广阔的土地面积，这使得有限的垃圾很容易被无限的大地所吞噬和利用。在城市里，大地消失了，城市表面被水泥和砖石重重包裹起来，由钢筋混凝土结构组成的城市无法像乡村那样消化这些"食物"。

　　在探讨"人—垃圾—社区"的关系时，笔者发现两种现象：（1）人与垃圾之间的疏离；（2）社区人际关系的疏远。一方面，虽然人们不断强调垃圾是放错地方的资源，然而在大多数情况下，垃圾仍被视为是对公众卫生健康的一种威胁，必须尽快清理干净。为了保持城市的洁净，人们用了很多现代的技术去处理垃圾，包括焚烧厂、填埋场和现代化垃圾处理设施等，并想方设法把垃圾往其他地方倾倒。在整个搜集和转运过程中，垃圾总是隐蔽的。人们并不在意垃圾被搬运到何处，也仿佛被搬运的不是垃圾，而是货物。垃圾通过庞大的城市环卫系统转移出人们生活的视线，于是垃圾被内化和隐藏化了。另一方面，高层住宅邻里间关系冷漠的情况成了普遍现象。社区越是高端，人与社区邻里的关系越是疏离。人们的归属感不强，社区责任感和社区意识薄弱，邻里之间较为冷漠，缺少交流、互助和互相监督。由此，我们可以理解现代城市人们为什么对垃圾的产生和处理感到如此的麻木。

为了重新建立"人—垃圾—社区"的关系，人们用尽了各种办法，其中最常见的就是通过干预重新建立人与垃圾之间的关系，例如宣传、教育、设计、管理、政策法规、激励和惩罚等。然而，我们需要注意一点，这些方法对于大众来说都是被动的，因此人们可能会表现出不同的态度和行为：抵触或不情愿（消极）、接受（中性）和主动（积极）。干预可以引导人们的行为，同样，也可能会阻碍人们，限制人们的行为。要重构"人—社区"的关系，"参与协作"是一种比较温和的策略——通过间接的方式改变环境（包括物理环境、社会文化环境等）从而改变人们的不良行为。目前大多数的协作活动都是由非营利组织和当地社区牵头组织的，而不是居民自发性开展的。现代城市大多数高层住宅的居住环境，限制了公众参与社区活动和交流。因此，在社区积极开展活动，让居民积极参与社区的设计和管理可以促进人们的协作交流。通过改善空间环境，促进社会互动和培养可持续行为。让不同的利益相关者参与设计有助于最大限度地平衡各方利益，提供有效的解决途径。长期积极有效的管理对于鼓励公众参与回收过程至关重要。

除了传统的干预措施，例如教育、宣传、经济奖励、管理和政策措施之外，参与式和协作式的公共设计可以形成一个积极的环境，重新建立个人与社区之间的关系，把居民的积极性调动起来。每一个参与的居民都是主动而不是被动的，逐渐建立居民的社区认同感和责任心，共同构建可持续社区。只有当人们与社区建立起密切的联系时，他们才会关心周围的环境，并热衷于参与社区的可持续活动，从而持续地改变人们的行为。但是，这些都建立在最大限度地满足各方利益的基础上。为了协调不同利益相关方的态度和意见，找到合适的解决方案，政策制定者、设计师和管理人员应该与用户进行沟通，让他们从早期阶段便开始介入项目，充分表达自己的意见，并让社区主干、热心人士、组织或设计师等角色从中进行协调，积极沟通，提出创造性的解决方案。

需要指出的是，源头减废优于回收再利用，然而由于时间、人力等现实因素的限制，以及在住户家里实施长期监测存在着较大的难度，因此，在本书第7章的行动研究中并未就家庭源头减废进行研究，目前的研究也主要是针对社区的分类回收活动。笔者希望通过"计划—行动—观察—反思"的个案实践和追踪，从用户角度去探讨人们的日常行为、生活习惯及认知。

由此，我们可以发现，要改善高层生活环境下的社区公共设施和公共服务设计，仅仅依靠设计师是不足够的。我们必须鼓励各方利益相关者从设计早期阶段便介入并发表意见。在实践中，不同的利益相关者，包括居民、清洁工、拾荒者和物业管理人员等，由于其身份、出发点和立场的差别，他们对公共设施和服务的态度也会有所不同。行动研究可以很好地帮助研究人员和设计师去发现人们动态的需求和行为变化，从而提出适合于当地居民日常行为模式的社区公共设施及公共服务设计方法，建构可持续社区。

此外，在研究过程中，笔者还发现垃圾与城市空间的一些社会现象。哈维批判性地讨论过消费社会给城市文化带来的冲击，并指出过度的商业发展和过度侧重于视城市为景点而进行的商业开发，容易导致本土文化的消失，毁灭了本土社区的素质、本土邻里之间的社会联系，往往自成一国，警卫森严，层层监控，将不合资格的人们拒之门外，以及影响了本土传统文化的传承。事实上，在城市中那些中高档的住宅区和公寓，社区和商品房越是高端，人与人之间的关系就越显得疏离。人们的日常行为活动被规范着、约束着。而那些草根阶层居住的地方，我们可以看到居民会充分利用那些废弃的垃圾打造属于他们的社交空间，增加了日常生活的社群互动性。同时，在老旧小区中，我们依然可以看到拾荒者、街头补鞋匠等身影。然而，随着城市升级改造、产业结构转型和劳动力的转移，拾荒者不断被城市的外扩越推越远，不少拾荒者开始逐渐离开这个行业。随着这个行业的萎缩，那些在街头巷尾叫卖废品的声音变得越来越少了，人们也不再把那些废纸和瓶瓶罐罐拿去卖了，于是，每年数以百万吨计的废品因为得不到回收或再利用而当成垃圾处理，被填埋、焚烧，或误入厨余堆肥厂。

"路漫漫其修远兮"，深入探讨"人—垃圾—社区"的关系，一幅清晰的画面展现在我们面前。垃圾是人类文化和历史活动的结果，它的形成与当代社会的日常活动直接相关。本书的意图并不是对消费主义、便利文化或新技术进行批判，也并不是把"垃圾"和"社区/本土文化"过度神圣化，而是希望借助探讨垃圾与城市空间的关系去思考城市的可持续性。由此反思的角度出发，我们在从事可持续城市的"扎根研究"（grounded study）之余，更需要从根本上去认识、考虑及重构"人—垃圾—社区"的关系。

参考文献

[1]   Abrahamse, W., Steg, L., Vlek, C., & Rothengatter, J. A. (2005). A review of intervention studies aimed at household energy conservation. *Journal of Environmental Psychology, 25*(3), 273–291.

[2]   Altman, I. (1975). *The environment and social behaviour: Privacy, personal space, territory, crowding.* Monterey, California: Brooks/Cole Press.

[3]   Altman, I., & Chemers, M. (1980). *Culture and environment.* Monterey, California: Brooks/Cole Press.

[4]   Andranovich, G. D., & Riposa, G. (1993). *Doing urban research.* Newbury park, London, New Delhi: Sage.

[5]   Babbie, E. R. (2011). *Introduction to social research* (5th edition). Belmont, Calif.: Cengage learning Press.

[6]   Barr, S., Ford, N. J., & Gilg, A. W. (2003). Attitudes towards recycling household waste in Exeter, Devon: quantitative and qualitative approaches. *Local Environment: The International Journal of Justice and Sustainability,* 8(4), 407–421.

[7]   Baudrillard, J. (1996). *The system of objects.* London: Sage.

[8]   Baudrillard, J. (1998). *The consumer society: Myths and structures.* London: Sage.

[9]   Baxter, P., & Jack. S. (2008) Qualitative case study methodology: Study design and implementation for novice researchers. *The qualitative report, 13*(4), 544–559.

[10]   Beins, B. C. (2009). *Research methods: A tool for life* (2nd edition). Boston: Pearson Education.

[11]   Bekin, C., Carrigan, M., & Szmigin, I. (2007). Caring for the community: An exploratory comparison of waste reduction behaviour by Brithis and Brazilian consumer. *International Journal of Sociology and Social Policy*, 27(5), 221–233.

[12]   Bell, J. (1987). *Doing your research project: A guide for first-time researchers in education and social science.* Milton Keynes, England: Open University Press.

[13]   Bell, P. A., Greene, T. C., Fisher, J. D., & Baum, A. (1996). *Environmental Psychology* (4th edition). Fort Worth: Harcourt Brace College Publishers.

[14]   Belton, V., Crowe, D. V., Matthews R., & Scott, S. (1994). A survey of public attitudes to recycling in Glasgow. *Waste Management & Research,* 12(4), 351–367.

       Benwell, B., & Stokoe, E. (2006). *Discourse and identity.* Edinburgh: Edinburgh University Press.

[15]   Berger, P. L., & Luckmann, T. (1967). *The social construction of reality: Everything that passes for knowledge in society.* London: Allen Lane.

[16]   Bernardes, J. (1987). "Doing things with words": Sociology and "family policy"

debates. *The Sociology Review*, 35(4), 679–702.

[17]   Bondi, L. (1999). Gender, class and gentrification: Enriching the debate. *Environment and Planning D: Society and Space*, 17(3), 261–282.

[18]   Brown, L.G. (1989). The strategic and tactical implications of convenience in consumer product marketing. *Journal of Consumer Marketing*, 6(3), 13–19.

[19]   Brown, L. G., & McEnally, M. R. (1992). Convenience: Definition, structure, and application. *Journal of Marketing Management*, 2(2), 47–56.

[20]   Brown, S., & McIntyre, D. (1981). An action–research approach to innovation in centralized educational systems. *European Journal of Science Education*, 3(3), 243–258.

[21]   Bourdieu, P. (1984). *Distinction: A social critique of the judgement of taste*. Cambridge, MA: Harvard University Press.

[22]   Callan, S. J., & Thomas, J. M. (2006). Analyzing demand for disposal and recycling services: A systems approach. *Eastern Economic Journal*, 32(2), 221–240.

[23]   Campbell, C. (1997). When the meaning is not a message: A critique of the consumption as communication thesis. In M. Nava, A. Blake, I. MacRury, & B. Richards (Eds.), *Buy this book: Studies in advertising and consumption* (pp. 340–351). London: Rouledge.

[24]   Carlson, D. L., & Lynch, J. L. (2013). Housework: Cause and consequence of gender ideology? *Social Science Research*, 42(6), 1505–1518.

[25]   Castells, M. (1997). *The power of identity*. Oxford: Blackwell.

[26]   Chan, E. H. W., & Lee, G. K. L. (2006). A review of refuse collection systems in high–rise housings in Hong Kong. *Facilities*, 24 (9/10), 376 - 390.

[27]   Chang, Y. M., Liu, C. C., Hung, C. Y., Hu, A., & Chen, S. S. Change in MSW characteristics under recent management strategies in Taiwan. *Waste Management*, 28(12), 2443–2455.

[28]   Chao, Y. L. (2008). Time series analysis of the effects of refuse collection on recycling: Taiwan's "Keep Trash Off the Ground" measure. *Waste Management*, 28(5), 859–869.

[29]   Chavis, D., & Wandersman, A. (1990). Sense of community in the urban environment: A catalyst for participation and community development. *American Journal of Community Psychology*, 18(1), 55–81.

[30]   Cho, S. H., & Lee, T. K. (2011). A study on building sustainable communities in high–rise and high–density apartments - Focused on living program. *Building and Environment*, 46(7), 1428–1435.

[31]   Chung, S. S., & Leung, M. M. Y. (2007). The value–action gap in waste recycling: The case of undergraduates in Hong Kong. *Environmental Management*, 40(4), 603–612.

[32]   Chung, S.S., & Poon, C. S. (1994). Recycling behaviour and attitude: the case of the Hong Kong people and commercial and household wastes. *International*

Journal of Sustainable Development & World Ecology, 1(2), 130−145.

[33] Chung, S. S., & Poon, C. S. (1996). The attitudinal differences in source separation and waste reduction between the general public and the housewives in Hong Kong. *Journal of Environmental Management,* 48(3), 215−227.

[34] Chung, S. S., & Poon, C. S. (1999). The attitudes of Guangzhou citizens on waste reduction and environmental issues. *Resources, Conservation and Recycling,* 25(1), 35−59.

[35] Cohen, L., & Manion, L. (1994). *Research methods in education* (4th edition). London, New York: Routledge.

[36] Cook, T. D., & Campbell, D. T. (1979). *Quasi−experimentation: Design and analysis issues for field settings.* Chicago: Rand McNally.

[37] Cooper, T. (2005) Slow consumption: Reflections on product life spans and the "throwaway society". *Journal of Industrial Ecology*, 9(1), 51−67.

[38] Coughlan, P., Suri, J. F., & Canales, K. (2007). Prototypes as (design) tools for behavioural and organisational change: A design−based approach to help organisations change work behaviours. *The Journal of Applied Behavioural Science,* 43(1), 1−13.

[39] Crilly, N., Moultrie, J., & Clarkson, P. J. (2004). Seeing things: Consumer response to the visual domain in product design. *Design Studies,* 25(6), 547−577.

[40] Cross, G. (1993). *Time and money: The making of consumer culture.* London: Routledge.

[41] Crotty, M. (1998). *The foundations of social research: Meaning and perspective in the research process.* Thousand Oaks, CA: Sage Publications.

[42] CSD, Census and Statistics Department. (2012). *Hong Kong* 2011 *population census: Summary results.* Hong Kong: Census and Statistics Department.

[43] Cunningham, M. (2008). Influences of gender ideology and housework allocation on women's employment over the life course. *Social Science Research*, 37(1), 254−267.

[44] Damodaran, L. (1996). User involvement in the systems design process‐a practical guide for users. *Behaviour & Information Technology,* 15(6), 363−377.

[45] Darier, E. (1998). Time to be lazy: work, the environment and modern subjectivities. *Time & Society,* 7(2), 193−208.

[46] Davison, R. M. (1998). *An action research perspective of group support systems: How to improve meetings in Hong Kong. Hong* Kong: City University of Hong Kong.

[47] de Certeau, M. (1984). *The practice of everyday life.* Berkeley, CA: University of California Press.

[48] Denscombe, M. (1998). *Good research guide: For small−scale research projects.* Philadelphia, PA: Open University Press.

[49] Denzin, N. K., & Lincoln, Y. S. (2000). *Handbook of qualitative research* (2nd

edition). Thousand Oaks, CA: Sage Publications.

[50] DeVries, M. J. (2006). Ethics and the complexity of technology: a design approach, *Philosophia Reformata,* 71(2), 118–131.

[51] Douglas, M. (2002). *Purity and danger: An analysis of the concepts of pollution and taboo.* London: Routledge.

[52] Eley, G. (1995). *The history of everyday life: Reconstructing historical experiences and ways of life* (W.Templer,Trans.). Princeton, NewJersey: Princetpm University Press.

[53] EPD, Environmental Protection Department. (2005). *A policy framework for the management of municipal solid waste* (2005–2014). Hong Kong: EPD.

[54] EPD, Environmental Protection Department. (2008). *Three-coloured waste separation bins.* Hong Kong: EPD.

[55] EPD, Environmental Protection Department. (2010). *Programme on source separation of domestic waste: Annual Update* 2010. Hong Kong: EPD.

[56] EPD, Environmental Protection Department. (2012). *Monitoring of solid waste in Hong Kong: Waste statistics for* 2011. Hong Kong: EPD.

[57] EPD, Environmental Protection Department. (2013). Hong Kong blueprint for sustainable use of resources 2013–2022. Hong Kong: EPD.

[58] Erikson, T. (1995). Notes on design practice: Stories and prototypes as catalysts for communication. In J. Carroll (Ed.), *Envisioning technology: The scenario as a framework for the system development lifecycle* (pp. 37–58). New York: John Wiley.

[59] Evans, D. (2012). Beyond the throwaway society: Ordinary domestic practice and a sociological approach household food waste. *Sociology,* 46(1), 41–56.

[60] Fahy, F., & Davies, A. (2007). Home improvements: Household waste minimisation and action research. *Resources, Conservation and Recycling,* 52(1), 13–27.

[61] Farrell, S. J., Aubry, T., & Coulombe, D. (2004). Neighbourhoods and neighbours: Do they contribute to personal well-being? *Journal of Community Psychology,* 32(1), 9–25.

[62] Farrelly, T., & Tucker, C. (2014). Action research and residential waste minimisation in Palmerston North, New Zealand. *Resources, Conservation and Recycling,* 91(1), 11–26.

[63] Featherstone, M. (1991). *Consumer culture and postmodernism.* London: Sage.

[64] Foo, T. S. (1997). Recycling of domestic waste: Early experiences in Singapore. *Habitat International,* 21(3), 277–289.

[65] Forlizzi, J. (2008). The product ecology: Understanding social product use and supporting design culture. *International Journal of Design,* 2(1), 11–20.

[66] Forrest, R., Grange, A. L., & Yip, N. M. (2002). Neighbourhood in a high rise, high density city: Some observations on contemporary Hong Kong. *The Sociology*

Review, 50(2), 215–240.

[67] Fullerton, D., & Kinnaman, T. C. (2000). Garbage and recycling with endogenous local policy. *Journal of Urban Economics,* 48(3), 419–442.

[68] Galbraith, J. K. (1998). *The Affluent Society.* Boston: Houghton Mifflin.

[69] Gardner, G. T., & Stern, P. C. (2002). *Environmental problems and human behaviour* (2nd edition). Boston, MA: Pearson custom Publishing.

[70] Geller, E. S., Winett, R. A., & Everett, P. B. (1982). *Preserving the environment: New strategies for behaviour change.* Elmsford, NY: Pergamon.

[71] Giddens, A. (1971). *Capitalism and modern social theory: An analysis of the writings of Marx, Durkheim and Max Weber.* UK: Cambridge University Press.

[72] Gifford, R. (2011). The consequences of living in high–rise buildings. *Architectural Science Review,* 50(1), 2–17.

[73] Given, L. M. (2008). *The Sage encyclopedia of qualitative research methods.* Los Angeles, Calif: Sage Publications.

[74] Goffman, E. (1959). *The presentation of self in everyday life.* UK: Penguin Books, Harmondsworth.

[75] Gofton, L. (1995). Convenience and the moral status of consumer practices. In Marshall, D. (Ed.), *Food choice and the consumer* (pp. 152–181). London: Blackie Academic & Professional.

[76] Gregory, S. (1999). Gender roles and food in families. In L. McKie, S. Bowlby, & S. Gregory (Eds.), *Gender, power and the household* (pp. 60–75). New York: St. Martin's Press.

[77] Gray, D. E. (2009) *Doing research in real world* (2nd edition). London: Sage.
Greham, H. (1985). Providers, negotiators and mediators: women as hidden carers. In E. Lewin & V. Oleson (Eds.), *Women, health and healing: Towards a new perspective* (pp.25–52). London: Tavistock.

[78] Golafshani, N. (2003). Understanding reliability and validity in qualitative research. *The Qualitative Report,* 8(4), 597–607.

[79] Hage, O., Söderholm, P., & Berglund, C. (2009). Norms and economic motivation in household recycling: Empirical evidence from Sweden. *Resources, Conservation and Recycling,* 53(3), 155–165.

[80] Hamel, J., Dufour, S., & Fortin, D. (1993). *Case study methods.* Newbury Park, CA: Sage.

[81] Harvey, D. The condition of postmodernity: An enquiry into the origins of cultural change. Oxford, New York: Blackwell. 1989.

[82] Hawkins, G. (2006). *The ethics of waste: How we relate to rubbish.* Lanhma, MD: Rowman and Littlefield.

[83] Heidegger, M. (1982). *The question concerning technology, and other essays.* (W. Lovitt, Trans.). New York: Harper & Row.

[84] Hewitt, P. (1993). *About time: The revolution in work and family life.* London:

Rivers Oram Press.

[85]   Holden, M. T., & Lynch, P. (2004). Choosing the appropriate methodology: Understanding research philosophy. *The Marketing Review*, 4(4), 397–409.

[86]   Holtzblatt, K., & Jones, S. (1993). Contextual inquiry: A participatory technique for systems design. In D. Schuler & A. Namioka (Eds.), *Participatory design: Principles and practices* (pp. 177–210). Hillsdale, NJ: Lawrence Erlbaum.

[87]   Jackson, T. (2005). Motivating sustainable consumption: A review of evidence on consumer behaviour and behaviour change. University of Surrey.

[88]   Jansen, E., Baur, V., de Wit, M., Wilbrink, N., & Abma, T. (2015). Co-designing collaboration: Using a partnership framework for shared policymaking in geriatric networks. *Action Research*, 13(1), 65–83.

[89]   Kimmel, A. J. (1988). Ethics and values in applied social research. Newbury Park, Calif.: Sage Publications.

[90]   Kopec, D. A. (2012). *Environmental Psychology for Design* (2nd edition). New York: Fairchild books.

[91]   Kuijer, L., & De Jong, A. M. (2011, May 29–31). Practice theory and human-centered design: a sustainable bathing example. Paper presented at Nordic Design Research Conference, Helsinki, Finland. Retrieved from http://studiolab.ide. tudelft.nl/studiolab/kuijer/files/2011/12/Kuijer-and-De-Jong_Practice-theory-and-HCD_a-sustainable-bathing-example_2011.pdf

[92]   Kujala, S. (2003). User involvement: A review of the benefits and challenges. *Behaviour & Information Technology*, 22(1), 1–16.

[93]   Kvale, S. (1996). *Interviews: An introduction to qualitative research interviewing*. Thousand Oaks, Calif.: Sage Publications.

[94]   Lam, W.W.T., Fielding, R., McDowell, I., Johnston, J., Chan, S., Leung, G.M. &
[95]   Lam, T.H. (2012). Perspectives on family health, happiness and harmony (3H) among Hong Kong Chinese people: a qualitative study. *Health Education Research*, 27(5), 767–779.

[96]   Lastovicka, J. L., & Fernandez, K. V. (2005). Three paths to disposition: The movement of meaningful possessions to strangers. *Journal of Consumer Research*, 31(4), 813–823.

[97]   Lee, J., & Yip, N. M. (2006). Public housing and family life in East Asia: Housing history and social change in Hong Kong, 1953–1990. *Journal of Family History*, 31(1), 66–82.

[98]   Lee, Y. J., De Young., & Marans, R. W. (1995). Factors influencing individual recycling behaviour in office settings: A study of office workers in Taiwan. *Environment and Behavior*, 27(3), 380–403.

[99]   Lee, Y., Kim, K., & Lee, S. (2010). Study on building plan for enhancing the social health of public apartments. *Building and Environment*, 45(7), 1551–1564.

[100] Lee, S., & Paik, H. S. (2011). Korean household waste management and recycling

behaviour. *Building and Environment,* 45(7), 1159–1166.

[101] Lefebvre, H. (1991). *Critique of everyday life: Volume I.* (J. Moore, Trans.). London, New York: Verso.

[102] Lefebvre, H. (2004), *Rhythmanalysis: Space, Time and Everyday Life.* (S. Elden, & G. Moore, Trans.). London: Continuum.

[103] Lewin, K. (1935). *A Dynamic Theory of Personality: Selected papers.* London: McGraw–Hill Book Company, Inc.

[104] Lilley, D., Lofthouse, V., Bhamra, T. (2005). *Towards Instinctive Sustainable Product Use.* Paper presented at the Second International Conference: Sustainability Creating the Culture, Aberdeen Exhibition & Conference Centre, Aberdeen. Retrieved from https://dspace.lboro.ac.uk/2134/1013.

[105] Lilley, D. (2009). Design for sustainable behaviour: Strategies and perceptions. *Design Studies,* 30(6), 704–720.

[106] Linder, S.B. (1970). *The harried leisure class.* Columbia University, Columbia. Lingard, L., Albert, M., & Levinson, W. (2008). Grounded theory, mixed methods, and action research. *British Medical Journal,* 337 (7667), 459–461.

[107] Lo, C. H., & Siu, K. W. M. (2010). Lifestyles and recycling: Living environments, social changes and facilities in a densely populated city. *The International Journal of Interdisciplinary Social Sciences,* 5(2), 439 - 450.

[108] Lockton, D., Harrison, D., & Stanton, N. (2008). Making the user more efficient: Design for sustainable behaviour. *International Journal of Sustainable Engineering,* 1(1), 3–8.

[109] Lockton, D., Harrison, D., & Stanton, N. A. (2010). The design with intent method: A design tool for influencing user behaviour. *Applied Ergonomics,* 41(3), 382–392.

[110] Lockton, D. (2011). Architecture, urbanism, design and behaviour: a brief review. Design with Intent blog. Retrieved July 1st, 2016, from http://architectures. danlockton.co.uk/2011/09/12/architecture–urbanism–design–and–behaviour–a–brief–review/

[111] Lockton, D. (2012). *Simon's scissors and ecological psychology in design for behaviour change. Social Science Research Network.* Retrieved from http://papers.ssrn.com/sol3/papers.cfm?abstract_id=2125405.

[112] Lockton, D. (2013). *Design with Intent: A design pattern toolkit for environmental & social behaviour change.* London: School of Engineering & Design Brunel University.

[113] Lu, L. T., Hsiao, T. Y., Shang, N. C., & Ma, H. W. (2005). MSW management for waste minimization in Taiwan: The last two decades. *Waste Management,* 26(6), 661–667.

[114] Manheim, J. B., & Rich, R. C. (1986). *Empirical political analysis: Research methods in political science.* White Plains, New York: Longman.

[115]   Marans, R. W. (2015). Quality of urban life & environmental sustainability studies: Future linkage opportunities. *Habitat International, 45*(1), 47−52.

[116]   Marshall, C., & Rossman, G. B. (2011). *Designing qualitative research* (5th edition). Thousand Oaks, CA: Sage.

[117]   Martin, M., Williams, I. D., & Clark, M. (2006). Social, cultural and structural influences on household waste recycling: A case study. *Resources, Conservation and Recycling, 48*(4), 357−395.

[118]   Massey, D. (1994). Space, place and gender. Oxford: Polity Press.

[119]   McCracken, G. (1988). *Culture and consumption: New approaches to the symbolic character of goods and activities.* Bloomington: Indiana University Press.

[120]   Meyer, J. (2000). Using qualitative methods in health related action research. *BMJ Clinical Research, 320*(7228), 178−181.

[121]   Mitchell, R. E. (1971). Some social implications of high density housing. *American Sociological Review, 36*(1), 18−29.

[122]   Moore, G. T. (1979). Environment−behaviour studies. In J. C. Snyder & A. J. Catanese (Eds.), *Introduction to architecture* (pp. 46−71). New York: McGraw−Hill.

[123]   Morse, J., & Niehaus, L. (2009). *Mixed method design: Principles and procedures.* Walnut Creef, Calif.: Left Coast Press.

[124]   Nagamachi, M., & Lokman, A. M. (2011). *Innovations of kansei engineering.* Boca Raton, Fla: CRC Press.

[125]   Neo, H. (2010). The potential of large−scale urban waste recycling: A case study of the National Recycling Programme in Singapore. *Society & Natural Resources: An international Journal, 23*(9), 872−887.

[126]   Neuman, W. L. (2000). Social research methods: Qualitative and quantitative approaches. Boston: Allyn and Bacon.

[127]   Nigbur, D., Lyons, E., & Uzzell, D. (2010). Attitudes, norms, identity and environmental behaviour: Using an expanded theory of planned behaviour to predict participation in a kerbside recycling programme. *Journal of Social Psychology, 49*(2), 259−284.

[128]   Norman, D. A. (1998). *The Design of Everyday Things.* Cambridge, MA: The MIT Press.

[129]   Norman, M.B., Seymour, S, & Edward, B. (1979). *Improving interview method and questionnaire design.* San Francisco: Jossey−Bass.

[130]   O'Brien, M. (2008) A crisis of waste? Understanding the rubbish society. New York: Routledge.

[131]   O'Leary, Z. (2014). *The essential guide to doing research* (2nd edition). LA: Sage. *Oxford English Dictionary online.* (2014). Retrieved from http://www.oed.com

[132]   Packard, V. (1960). *The waste makers.* London: Longman.

[133]   Pajo, J. (2008). *Recycling culture: Environmental beliefs and economic practices*

in post−1990 *Germany*. University of California, Irvine.

[134] Robson, C. (1993). *Real world research: A resource for social scientists and practitioner researchers*. Oxford: Blackwell.

[135] Rose, N. (1997). Assembling the modern self. In R. Porter (Ed.), *Rewriting the self: Histories from the middle ages to the present* (pp. 224−248). London: Rouledge.

[136] Rouse, J. (2002). Community participation in household energy programmes: A case−study from India. *Energy for Sustainable Development, 6*(2), 28−36.

[137] Rowe, P. G. (2005). East Asia Modern: Shaping the Contemporary City. Reaktion Books.

[138] Rutledge, A. J. (1985). *A visual approach to park design*. New York: John Wiley and Sons Ltd.

[139] Sanoff, H. (1992). *Integrating programming, evaluation and participation in design: A theory Z approach*. Aldershot, UK: Ashgate.

[140] Sanoff, H. (2000). *Community participation methods in design and planning*. New York: Wiley.

[141] Scanlan, J. (2005). *On garbage*. London: Reaktion Books.
       Scott, F. (2004). Behaviour Change: Believing You Can Make A Difference! *BTCV, Global Action Plan and The Environment Council Workshop*, London.

[142] Sennett, R. (1977). *The fall of public man: On the social psychology of capitalism*. New York: Vintage Books.

[143] Shingo, S. (1986). *Zero quality control: Source inspection and the Poka−yoke system*. Portland, OR: Productivity Press.

[144] Simon, H. A. (1990). Invariants of human behaviour. *Annual Review of Psychology, 41*(1), 1−19.

[145] Simonsen, K. (1997). Modernity, community or a diversity of ways of life: A discussion of urban everyday life. In O. Kalltrop, I. Elander, O. Ericsson & M. Franzen (Eds.), *Cities in Transformation−transformation in cities: Social and symbolic change of urban space* (pp. 162−183). Aldershot: Avebury.

[146] SITA. (2010). *Looking up: International recycling experience for multi−occupancy households*. London: SITA UK.

[147] Siu, K. W. M. (2003). Users' creative responses and designers' roles. *Design Issues, 19*(2), 64−73.

[148] Siu, K. W. M., & Kwok, Y. C. J. (2004). Collective and democratic creativity: Participatory research and design. *The Korean Journal of Thinking and Problem Solving, 14*(1), 11−27.

[149] Siu, K. W. M. (2005). Pleasurable products: Public space furniture with user fitness. *Journal of Engineering Design, 16*(6), 545−555.

[150] Siu, K. W. M., & Wong, M. M. Y. (2013). Promotion of a healthy public living environment: participatory design of public toilets with visually impaired persons. *Public Health, 127*(7), 629−636.

[151] Siu, K. W. M., & Xiao, J. X. (2016). Quality of Life and Recycling Behaviour in High-Rise Buildings: A Case in Hong Kong. *Applied Research in Quality of Life*. DOI 10.1007/s11482-015-9426-7.

[152] Smart, A. (2006), *The Shek Kip Mei myth: Squatter, fires and colonial rule in Hong Kong*, 1950-1963. Hong Kong: Hong Kong University Press.

[153] Smith, D. (1987). *The everyday world as problematic: A feminist sociology*. Boston: Northeastern University Press.

[154] Sommer, B., & Sommer, R. (1997). *A practical guide to behavioral research: Tools and techniques* (4th edition). New York: Oxford University Press.

[155] Southerton, D. (2003). Squeezing time: allocating practices, coordinating networks and scheduling society. *Time & Society,* 12(1), 5-25.
Strasser, S. (1999). *Waste and want: A social history of trash*. New York: Metropolitan Books.

[156] Stake, R. E. (1995). *The art of case study research.* Thousand Oaks, CA: Sage.
Steen, M., Kuijt-Evers, L., & Klok, J. (2007, July 5-7). Early user involvement in research and design projects - A review of methods and practices. Paper presented at the 23rd European Group for Organizational Studies Colloqium, Vienna, Austria. Retrieved March 23, 2016, from http://www.marcsteen.nl/docs/EGOS2007%20Early%20user%20involvement.pdf

[157] Stern, P. C. (1999). Information, incentives, and proenvironmental consumer behaviour. *Journal of Consumer Policy,* 22(4): 461 - 478.

[158] Steg, L., & Vlek, C. (2009). Encouraging pro-environmental behaviour: An integrative review and research agenda. *Journal of Environmental Psychology,* 29(3), 309-317.

[159] Stringer, E. T. (1999). *Action research* (2nd edition). Thousand Oaks, CA: Sage.

[160] Szmigin, I. (2006). The aestheticization of consumption: an exploration of 'brand. new' and 'Shopping'. *Marketing Theory,* 6(1), 107-118.

[161] Tam, W. Y., & Tam, C. M. (2006). Evaluations of existing waste recycling methods: A Hong Kong study. *Building and Environment,* 41(12), 1649-1660.

[162] Tammamagi, H. (1999). *The waste crisis: Landfills, incinerators, and the search for a sustainable future.* Oxford: Oxford University Press.

[163] Thompson, M. (1979). *Rubbish theory: The creation and destruction of value.* Oxford, UK: Oxford University Press.

[164] Timlett, R. E., & Williams, I. D. (2008). Public participation and recycling performance in England: A comparison of tools for behaviour change. *Resource, conservation and recycling,* 52(4), 622-634.

[165] Tremblay, C., & de Oliveira Jayme, B. (2015). Community knowledge co-creation through participatory video. *Action Research,* 13(3), 298-314.

[166] Tromp, N., Hekkert, P., & Verbeek, P-P. (2011). Design for socially responsible behaviour: A classification of influence based on intended user experience.

Design Issues, 27(3), 3–19.

[167]   Vaiou, D., & Lykogianni, R. (2006). Women, neighbourhoods and everyday life. *Urban Studies*, 43(4), 731–743.

[168]   van der Panne, G, van Beers, C., & Kleinknecht A. (2003). Success and failure of innovation: Aliterature review. *International Journal of Innovation Management,* 7(3), 309–338.

[169]   van Diepen, A., & Voodg, H. (2001). Sustainability and planning: Does urban form matter? *International Journal of Sustainable Development,* 4(1), 59 - 74.
        van Loon, J. (2002). *Risk and technological culture: Towards a sociology of virulence.* New York: Routledge.

[170]   Verbeek, P–P. (2005). *What things do: Philosophical reflections on technology, agency, and design.* University Park, Pa.: Pennsylvania State University Press.

[171]   Vrbka, S. J., & Combs, E. R. (1993). Predictors of neighbourhood and community satisfactions in rural communities. *Housing and Society,* 20(1), 41–49.

[172]   Wang, D.G., & Lin, T. (2013). Built environments, social environments, and activity–travel behaviour: A case study of Hong Kong. *Journal of Transport Geography,* 31, 286–295.

[173]   Wever, R., Van Kuijk, J., & Boks, C. (2008). User–centred design for sustainable behaviour. *International Journal of Sustainable Engineering,* 1(1), 9–20.

[174]   Whitehead, D., Taket, A., & Smith, P. (2003). Action research in health promotion. *Health Education Journal,* 62(1), 5–22.

[175]   Williams, R. (1976). *Keywords: A vocabulary of culture and society.* New York: Oxford University Press.

[176]   Wilson, S., Bekker, M., Johnson, P., & Johnson, H. (1997). Helping and hindering user involvement-A tale of everyday design. *The ACM SIGCHI Conference on human factors in computing systems.* Proceedings of CHI 1997 (pp. 178–185). New York, USA.

[177]   Winter, D. D. N., & Koger, S. M. (2004). *The Psychology of Environmental Problems* (2nd edition). Mahwah, N. J.: Lawrence Erlbaum.

[178]   Wong, K. S. (2010). Designing for high–density living: High rise, high amenity and high design. In E. Ng (Ed.), *Design high–density cities: For social an environmental sustainability* (pp. 321–329). London: Earthscan.

[179]   Xiao, J. X., & Siu, K. W. M. (2016). Public design and household participation in recycling for sustai nability: A Case Study in Hong Kong. *The International Journal of Environmental Sustainability,* 12(1), 27–40.

[180]   Xiao, J. X., & Siu, K. W. M. (2018). Challenges in food waste recycling in high–rise buildings and public design for sustainability: A case in Hong Kong. Resources, Conservation & Recycling, 131, 172–180.

[181]   Yale, L., & Venkatesh, A. (1986). Toward the construct of convenience in consumer research. *Advances in Consumer Research,* 13(1), 403–408.

[182] Yau，Y. (2010). Domestic waste recycling，collective action and economic incentive: The case in Hong Kong. *Waste Management,* 30(12)，2440-2447.

[183] Yeung，Y. M.，& Wong，K. Y. (2003). *Fifty years of public housing in Hong Kong: A golden jubilee review and appraisal.* Hong Kong: Chinese University Press.

[184] Yin，R. K. (1993). Applications of case study research. Newbury Park，London，New Delhi: Sage.

[185] Yin，R. K. (1994). *Case study research: Design and methods* (2nd edition). Thousand Oaks，London，New Delhi: Sage.

[186] 齐格蒙特·鲍曼（Zygmunt Bauman）. 谷蕾，胡欣译. 废弃的生命[M]. 南京：江苏人民出版社，2006.

[187] 胡嘉明，张劼颖. 废品生活[M]. 香港：香港中文大学出版社，2016.

[188] 卡特琳·德·西尔吉（Catherine de Silguy）. 刘跃进，魏红荣译. 人类与垃圾的历史[M]. 天津：百花文艺出版社，2005.

[189] 张嘉如. 思考垃圾动物的几种方式：印度纪录片《塑胶牛》为例[J]. 文艺理论研究，2016，(4).

[190] 田松. 洋垃圾全球食物链与本土政治[J]. 中国周刊，2006 (1)：44-45.

[191] 孟悦. 生态危机与"人类纪"的文化解读——影像，诗歌和生命不可承受之物[J]. 清华大学学报（哲学社会科学版），2016 (3)：1.

[192] 孟悦. 人类世版图上的塑料王国[M]. 龚浩敏，鲁晓鹏著. 中国生态电影论集. 武汉：武汉大学出版社，2017.

[193] 王子彦，丁旭. 我国城市生活垃圾分类回收的问题及对策——对日本城市垃圾分类经验的借鉴[J]. 生态经济，2008(6)：501-504.

[194] 吕维霞，杜娟. 日本垃圾分类管理经验及其对中国的启示[J]. 华中师范大学学报，2016(01)：39-53.

[195] 刘梅. 发达国家垃圾分类经验及其对中国的启示[J]. 西南民族大学学报，2011(10)：98-101.

[196] 胡新军，张敏，余俊锋，张古忍. 中国餐厨垃圾处理的现状、问题和对策[J]. 生态学报，2012(14)：4574-4584.

[197] 徐林，凌卯亮，卢昱杰. 城市居民垃圾分类的影响因素研究[J]. 公共管理学报，2017(11)：142-153.

[198] 徐峰，申荷永. 环境保护心理学：环保行为与环境价值[J]. 学术研究，2005(12)：55-57.

[199] 陈兰芳，吴刚，张燕，张仪彬. 垃圾分类回收行为研究现状及其关键问题[J]. 生态经济，2012(2)：142-145.

致　谢

感谢广东工业大学支持本书的编写和筹备工作，为理论和实践提供了完美的平衡，确保研究内容得到及时更新。

特别感谢香港理工大学设计学院公共设计研究室主任邵健伟首席教授在笔者攻读博士和博士后科研期间的教导和支持，使本研究取得高品质的学术成果。特别感谢香港理工大学退休教授郭恩慈的支持，令此研究项目得以顺利展开。

笔者还要对设计学院研究室各研究员及研究生表达谢意，他们在研究阶段协助笔者收集资料，并与笔者深入讨论文章所涉及的各个课题及对我的见解提出批判，他们投入及不懈的工作令研究成果美满。

此外，笔者必须向中国建筑工业出版社同仁深表谢意。感谢本书编辑不厌其烦、以最大耐心整理与编辑拙文文稿。笔者获益良多，实在感激不尽。

最后，感谢所有研究人员、环保署、明爱社区中心、地球之友等相关部门在研究期间提供的大力支持，提出建议对策，为本书的数据收集以及撰写编辑工作提供有力协助，令内容更充实、更丰富，在此衷心致敬。

本书的工作，一方面是要秉持着批判和反思的立场，审视城市中的垃圾问题，另一方面则是要重新思考"人—垃圾—社区"的关系以及可持续设计的方向。不足之处，谨请各方有识之士，多加指正。本书参考数据来自于不同书刊与网络信息，笔者已尽力引索原文出处以作鸣谢，如有疏漏，亦请各界同仁及出版机构多多包涵，并提出宝贵意见。

萧嘉欣

2019年10月

于广州